擺脫/都市病

140 道 中醫食療

防治都市人常見病

陳慧琼 註冊中醫師 ｜ 著

目　錄

| 序 | 盧惠銓牧師 | 6 |
| 自序 | 陳慧琼註冊中醫師 | 8 |

第一章　中醫藥基本概念

認識五臟六腑——心	12	中藥的四氣五味	31
認識五臟六腑——肝	14	中藥歸經	34
認識五臟六腑——脾	16	中藥配伍與服用禁忌	36
認識五臟六腑——肺	18	中醫保健的基本知識	39
認識五臟六腑——腎	20	為何要固本培元？	43
認識五臟六腑——六腑	22	何謂「虛不受補」？	45
中藥是如何命名？	25	致病的根源——風邪	47
該如何煎煮中藥？	28		

第二章　消除都市人常見病症

新冠狀病毒肺炎	52	貧血與血虛	94
流行性感冒	56	水腫	98
頭痛	62	消化不良	101
神經衰弱	65	腹瀉	104
失眠	68	便秘	107
記憶力減退	71	肥胖症	111
氣鬱體質	74	多汗	114
肝火盛	77	口瘡	118
濕熱	80	暗瘡	121
眼睛疲勞	84	濕疹	124
鼻敏感	87	黃褐斑	127
哮喘	90	延緩衰老	130
中暑	92	脫髮	134

小兒遺尿　　　139　　前列腺肥大　　　161

脂肪肝　　　　143　　痛風　　　　　　164

膽固醇高　　　146　　補腎　　　　　　167

高血壓病　　　149　　更年期綜合症　　171

高脂血症　　　152　　骨質疏鬆症　　　176

糖尿病　　　　155　　類風濕性關節炎　180

尿頻　　　　　158　　癌症治療後白血球減少　183

第三章　唾手可得的珍貴食材

合時而食　　　　　　　　　　　　　　　188

廣東三寶——陳皮、生薑、禾稈草　　　　190

利弊同源——蒜頭　　　　　　　　　　　194

處處是寶——蓮　　　　　　　　　　　　197

「植物肉」——花生　　　　　　　　　　200

素食之選——天貝　　　　　　　　　　　202

防癌食物——食用菌菇　　　　　　　　　204

補充膠原蛋白——豬蹄　　　　　　　　　208

秋冬名物——蛇　　　　　　　　　　　　213

進補振陽——人參　　　　　　　　　　　215

天然的營養補品——蜂蜜　　　　　　　　217

廣東特色飲料——涼茶　　　　　　　　　219

飲下肚的歷史文化——茶　　　　　　　　221

適宜小酌一杯——酒　　　　　　　　　　224

祛脂清瘀妙品——山楂　　　　　　　　　227

從外到內都是寶——龍眼　　　　　　　　230

吉祥補品——柑桔　　　　　　　　　　　233

秋冬果品——柚子、梨、柿子、楊桃、菱角　236

序

　　蒙陳慧琼中醫師邀請為新書《擺脱都市病——140 道中醫食療防治都市人常見病》寫序，在公在私，樂意之至。藉此機會，感謝陳醫師過去一直義務地、默默地為我們出版的院牧事工刊物《關心》雙月刊撰寫「關心健康」專欄，十多年來，風雨不改，從不脱期，實是萬分感激。

　　我可説是陳醫師的忠實「讀者」，她每次交來的文稿，我都有機會率先拜讀。坦白説，我見她的文字多過見其人。但多年來透過數以萬計的文字，對她這位醫者敢説總有點認識，心中隨即泛起三句形容醫者的話：「醫者父母心」、「上醫，治未病」、「有時治癒，常常幫助，總是安慰（To cure sometimes, to relieve often, to comfort always.——by Dr. Edward Trudeau）」。

　　記得多年前，陳醫師應院牧聯會的邀請，為院牧們主講了一個養生健康講座。當時她為着整理講座的珍貴教材，還特意委託我們把筆記編製成小冊子，公諸同道。陳醫師筆下著作甚多，也經常應各界邀請主領健康講座，熱心服侍。得悉她如今把過去在《關心》刊載的文章編修結集出版，更為讀者們深感欣喜，深信又是一本可讀性甚高的中醫健康資訊書籍。

雖然《關心》雙月刊的主要贈閱範圍是西醫醫院，但每期的中醫健康資訊也深受讀者喜愛，相信其中原因包括內容豐富，題材涉獵症候、藥理、藥性、食療、養生及健康生活建議等等；文字精煉，十分專業，然而表達卻生活化、實用、簡明易讀。近年，陳醫師撰寫的題材更是西方醫學經常談到的主題，為讀者提供了更立體的保健養生知識。

陳醫師曾在她著作的其中一篇自序中這樣寫着：「我也是個蒙受了神很多恩惠的人，因此，我決意以我的中醫學專業知識，嘗試幫助更多人重拾健康的人生，好去享受生命中各樣美好的事物，感受神的愛。我能夠做到的很微少，但神的恩典浩大……」這段文字與我認識的陳醫師十分吻合。

深願各位生活在都市的讀者們，透過書中的健康資訊得着幫助，更願我們身體得健康之餘，各人的心靈也得康泰。

盧惠銓牧師
香港醫院院牧事工聯會總幹事
2021 年 4 月

自序

　　我處理過的病例中，有不少是與都市病有關。例如一個身居要職的年青女士同時有胃酸倒流、肩周炎，而且潛伏與免疫力相關的系統性紅斑狼瘡病危機。了解過她日常的生活作息之後，便明白她一身的病痛源於長期在最高級別的工作壓力之下。她早起夜睡，食無定時定量又多吃高油鹽高脂的食物；在電腦面前一坐數小時，不喝不如廁；夜間睡夢中仍是日間工作的搏殺場面，睡眠質素極差；這些都是都市病其中一些成因。或許這位女士的情況不算是最壞，「醒悟」得早，願意糾正便有改善甚至回復健康的機會。有些病例來到求醫，情況已經十分嚴重，甚至是頑疾纏身，藥石無靈。是故不可輕看都市病，它是我們身體發出的「預警」、「求救」信號，需要我們正視。

　　中醫秉持的醫理是「固本培元」，以及「治未病」，即是說在生病之前便着手做好防治，用的方法是滋養元氣和精神以應對病毒入侵。中藥食療正是「固本培元」和「治未病」的竅門，我們周遭有不少唾手可得的珍貴食材，只要配搭得宜，持之以恆，要擺脫都市病，並不是天大的難題。

　　這本食療集收錄了一百四十道中藥食療的處方，是我在香港醫院院牧事工聯會（下稱「院牧事工聯會」）出版的刊物《關心》雙月刊撰寫「關心健康」專欄的內容。蒙院牧事工聯會不嫌本人才疏學淺，讓我長期在這小園地與該會的讀

者分享中醫藥的可貴之處，而今天遂得出一百四十道中藥食療結集成書與廣大讀者分享。本人更榮幸邀得院牧事工聯會總幹事盧惠銓牧師為本書撰序，銘感五內。

我們今天生活的環境充滿了令人容易緊張、焦慮，甚或鬱躁等負面情緒的因素，而這些負面情緒往往是都市病的成因。誠然，善用中藥食療是其中能夠幫助紓解病情的途徑；如果諸君能夠同時培養「休息、放下、謙卑」等等的心靈質素，相信不但能擺脫都市病，更加有強壯的心靈享受生活。

《聖經》對現代人有很重要的提醒，特別是「你們得力在乎平靜安穩」，「你們要休息，要知道我是神」；意即生活的力量是來自心平氣和，人要懂得放下和休息，承認個人的能力有限，體會「謀事在人，成事在天」箇中的奧秘。

神引領我用了大半生鑽研中醫學知識和療法，以行醫去幫助更多人重拾健康的人生。只是我能夠做到的很微少，神卻滿有恩慈和憐恤，誠願神使用這小書《擺脫都市病——140 道中醫食療防治都市人常見病》祝福熱愛生命、想活得健康的朋友！

陳慧琼註冊中醫師

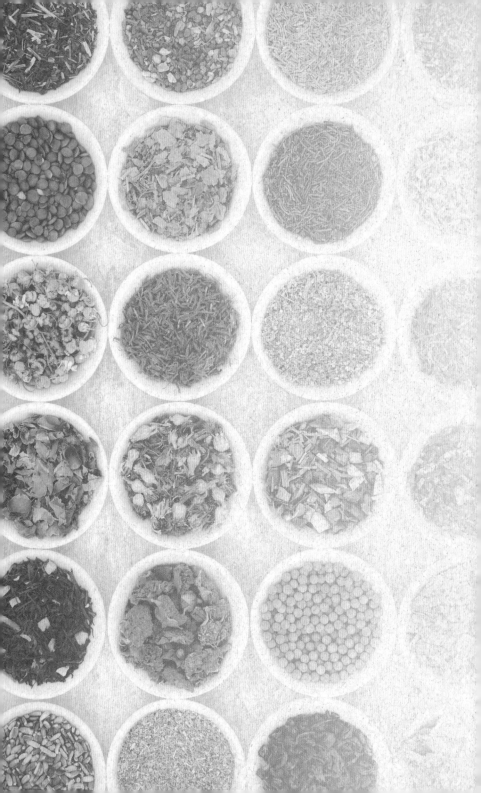

第 一 章

中醫藥
基本概念

認識五臟六腑 —— 心

中醫學所講的五臟六腑，是體內的主要器官。五臟是指心、肝、脾、肺、腎；六腑是指膽、胃、大腸、小腸、膀胱、三焦。五臟有貯藏精氣的功能，六腑有腐熟水穀、分別清濁、傳送糟粕的功能。臟腑與組織器官，通過經絡的聯繫，構成一個有機的整體。五臟六腑的功能概念，有的與西醫基本相同，有的有很大差別，因此，我們不能簡單地將西醫的臟器概念套用在中醫學裏應用。

心是人體生命活動的主宰，在臟腑中起着主導的作用，對各臟腑進行統一的協調，故有「君主之官」之稱。心的功能有二：一主血脈，二主神明。心和外在組織器官最有密切關係的是「在體為脈」、「其華在面」、「開竅於舌」。

中醫學認為血液在脈管裏，是靠心氣的推動而供應全身需要。心氣的強弱，直接影響血的運行，如心氣強，血脈充盈，脈搏緩和有力，面色紅潤光澤；心氣弱，血脈空虛或循環不順，脈搏變得細弱無力或節律不整，面色蒼白無華或青紫無光澤。故有心「主血脈」、「在體為脈」、「其華在面」之說。

所謂心主神明，是指心主管一切精神意識、思想活動，具有相當於大腦的某些生理功能。我們常用的術語，如「心

情舒暢」、「心慌意亂」、「專心一致」等等，所指的心也是代表精神活動和思想意識而言。故有「心藏神」之說。如心神功能正常，則意識清楚，精力充沛；若心神發生障礙，輕者有失眠、多夢、健忘、心神不寧等症，重則可見譫言妄語、神志昏迷等症，甚至危及生命。故《內經》一書提出「心者，五臟六腑之大主也」，所謂「大主」，是主宰的意思。

從舌質上的變化，亦可反映出心臟的機能活動。如心火過旺，則舌尖紅赤或口舌生瘡；痰迷心竅時，可見舌強不語。故又有「心開竅於舌」、「舌為心之苗」之說。

中醫認為心與汗有密切關係，有「汗為心液」之說。如果病人因服藥而發汗過度，或因其他原因以致汗出過多，均可以損害心臟機能，甚至出現「大汗亡陽」的危重現象。

另有一臟名叫「心包絡」，為心的外包膜，有護心的作用，其病理變化大致與心相似，故歸屬於心，所以習慣上只稱為五臟。心包絡與心一樣有神志活動。中醫認為如果疾病侵犯心臟時，心包會代替心受病而出現神智失常的症狀。由此看出，不論中醫或西醫均認為心包有保護及滋養心的作用，不同的是，中醫還認為心包有代心受病的功能。

根據以上所述，心的生理功能，相當於現代醫學的循環系統和中樞神經系統中大腦的部分功能。

認識五臟六腑——
肝

　　肝位於脇部，具有剛強、耐疲勞、謀對策等的特性，故有「將軍之官」之稱。它的主要功能有二：一主疏泄、二主藏血。它和外在組織器官最有密切關係的是「在體為筋」、「其華在爪」，「開竅於目」。

　　所謂「疏泄」，即是疏通、宣泄、暢達的意思。肝主疏泄，一是指肝有調暢氣機的作用（氣機是指氣的運行），幫助脾胃消化正常。如果肝失去疏泄功能，氣的運行不暢順，就會出現胃痛、噯氣、噁心、嘔吐或兩脇脹滿的症狀。

　　二是指肝有調節情志的作用，情志是人的一種情感活動，即喜、怒、憂、思、悲、恐、驚七情，如果肝的疏泄功能正常，氣血運行暢順，則心情舒暢，情緒穩定，但是，當肝失去疏泄功能，氣血運行不暢，就會出現抑鬱或亢奮兩方面。肝氣抑鬱表現有胸脇脹滯，鬱悶不樂，多疑善慮，善太息；肝氣亢奮則見急躁易怒，失眠多夢，面赤、頭脹，甚或發狂等。

　　三是肝有疏泄膽汁分泌，幫助消化的作用，若肝失疏泄，就會影響膽汁的排泄，出現脇肋脹痛、黃疸、口苦等症。

　　所謂「藏血」，是指肝有貯藏血液、調節血量的功能。

當人體活動時，肝臟會把貯藏的血液供給各組織器官；在人類靜臥休息時，多餘的血液又會歸藏於肝。

肝藏血功能正常，則面色紅潤、精神旺盛，各組織器官活動正常；若肝藏血功能異常，出現肝血不足，表現有面色無華，視物不清、甚則夜盲，肢體麻木、筋肉拘攣等；另一類的肝不藏血，表現為出血性病症，如吐血、衄血（流鼻血），月經過多。

筋的屈伸動作，支配全身肌肉關節，是要靠肝血滋養，故有「肝主筋」之説。若肝血不足，不能養筋，就會出現筋脈痿軟、不耐勞動、肢體麻木，不利關節屈伸。若熱耗肝陰，表現有筋脈拘急、抽搐，甚或角弓反張、牙關緊閉等。

至於爪與筋，又有密切的關係，有謂「爪為筋之餘」，爪甲亦依賴肝血的滋養。若肝血充足，爪甲紅潤堅韌；肝血不足，爪甲淡白無華，脆軟而薄，變形乾裂。所以，從爪甲的堅脆厚薄和色澤榮枯，也可以得知肝臟功能的盛衰。

肝與眼也有着密切聯繫，中醫認為「肝開竅於目」，肝血充足，視物清晰、目光有神、能辨五色；若肝陰不足，則兩目乾澀、視物模糊；若肝火上升則目赤腫痛等。

根據以上所述，肝的生理功能，相當於現代醫學的血液循環、神經、消化、運動等系統，以及視覺器官的部分功能。

認識五臟六腑──脾

脾位於上腹、主要有轉化和輸送飲食精華及統管血液的功能，是營養物質的供應站，好比糧食倉庫的管理員，故稱為「倉廩之官」。人出生之後，主要有賴脾胃功能的健全，以保證生長、發育的需要，而其中更為重要的是脾，故有「脾為後天之本」之說。脾的功能有二，一主運化，二主統血。脾和外在組織器官最有密切關係的是「在體為肉」、「開竅於口」、「其榮在唇」。

運化，就是運輸、轉化，脾主運化的作用，包括運化營養物質和水液兩方面。食物經胃初步消化，由脾再進一步消化，吸收其營養物質，轉輸到心肺，通過經絡運送到全身。其水液部分，亦由脾吸收、轉輸，在肺腎臟器的協作下，以維持水液代謝的平衡。因此，當脾的運化功能正常時，消化吸收代謝良好，則氣血旺盛，精力充沛，抗病力強，反之，脾運化能力不足，則消化吸收功能減弱，可能會出現食慾不振、腹脹、腹瀉、倦怠，消瘦等症；若影響到水液運化障礙，或會出現水濕停滯，引起肌膚水腫或泄瀉等症。

脾統血，是指脾有統攝血液，使其循行於經脈內不致溢出的功能。具體來說，脾能儲藏營養物質，並使之轉化為血液；脾能通過供應營養物以增進臟器的功能，使生血作用增強，脾氣運作正常，則可維持血液的正常運行而不致外流。

如果脾氣虛弱，生化血液的功能就會降低而導致貧血。若脾失去統攝能力，則血離經脈，出現各種出血病症，如月經過多、皮下紫斑等症。

　　肌肉、四肢所需的營養，都靠脾運化水穀精微來供應。營養充足，則肌肉豐滿，四肢發達、輕健有力；若營養障礙，則肌肉消瘦，四肢痿軟、倦怠無力，故有「脾主肌肉」之稱。

　　「脾開竅於口」，是指人的口味，食慾與脾有密切關係。脾的運化功能協調，則食能知味、食慾旺盛；若運化失健，則口淡乏味、口膩、口甜。

　　口唇也是肌肉的部分，故口唇也能反映脾運的強弱，如脾氣健運則氣血充足，口唇紅潤有光澤，脾不健運則氣血不足，口唇可見淡白無華，故中醫有「脾之合肉也，其榮唇也」之說。

　　根據以上所述，脾的生理功能，相當於現代醫學消化系統的大部分功能，並與水液代謝和造血（血液、循環）系統等功能有關。

認識五臟六腑——肺

　　肺，位於胸中，分為左右，居內臟最高位置；能調節全身氣分，輔助心臟，推動血液循環的作用，好比輔助君主的宰相一樣，故稱為「相傅之官」。肺的功能有二：一主氣、二主肅降、通調水道。肺和外在組織、器官最有密切關係的是：「外合皮毛」、「開竅於鼻」、「主聲音」。

　　氣，是人體賴以維持生命活動的重要物質，所謂肺主氣，是指人身之氣由肺所主。肺中之氣來源於兩個方面，一是飲食物之精氣（來源於脾），一是從體外吸入之氣（即新鮮氧氣）。這兩方面的氣，交匯於胸中，即產生「宗氣」，它能維持肺的呼吸功能，進行吐故納新，使體內外氣體得到交換。另一方面，肺氣入心推動血液循環，並通過血液循環而散佈全身，以維持各臟腑組織的機能活動。因此，血液循環雖然由心所主，但必須有肺氣的輔助，才能保持其正常的運行，故有「肺主治節」、「肺朝百脈」之說。肺主氣的功能發生障礙，就會出現咳嗽、氣喘、乏力、語音低弱、少氣懶言等症。

　　肺氣以清肅下降為順，若肺氣上逆則發生氣喘、咳嗽之症。人體的水液代謝，不僅和脾的運化、腎的氣化有關，與肺氣的肅降也有密切關係，通過肺氣的肅降作用，才能保證水液的運行下達到膀胱，使小便通利。若肺失肅降，則水液

不能順利下輸膀胱，可能會出現痰飲、小便不利或水腫等病變。故有「肺主行水」、「肺主通調水道」之說。

皮毛和汗孔具有調節呼吸的作用，鼻竅是呼吸出入的門戶，因此，皮毛與鼻都是肺的外候。若肺衛之氣充盛，則肌表固密，皮毛潤澤，鼻竅呼吸通利，嗅覺正常，身體抵抗力強，不易受外邪入侵。反之，肺衛之氣不固，皮毛乾枯，毛孔疏鬆，鼻竅不利，身體容易受外邪入侵。此外，鼻乾無涕，或鼻涕過多，也是肺功能失調的一種表現，故有「涕為肺液」之說。

聲音和肺氣的作用有關，故此聽聲音可以大致上了解一個人的肺氣情況。因此，肺氣足則聲宏亮，肺氣虛則聲低微；風寒犯肺，肺氣閉塞則聲音嘶啞；肺癆病晚期由於病邪的損害，有失音現象。這也顯示聲音和肺氣有密切關係。

根據以上所述，肺的生理功能，基本概括了現代醫學呼吸系統的功能，並關係到水液的代謝平衡。

認識五臟六腑——腎

腎，位於腰部，左右各一，所以稱「腰為腎之府」。腎能把五臟六腑的精氣貯藏起來，具有精巧技能，對人體的生長、發育、生殖和智力等都起着強大的作用，故稱為「作強之官」。它的主要功能是「藏精氣」、「主水」、「主納氣」、「主命門火」，它和外在組織、器官最密切的關係是：「主骨、生髓、通於腦」、「其華在髮」、「開竅於耳及二陰」。

腎所藏之精，是人體生命的基本物質，包含兩方面：一是藏生殖之精，是生育繁殖的最基本物質；二是藏五臟六腑水穀之精，是維持生命，滋養人體各組織器官，並促進機體生長發育的基本物質。前者稱為「先天之精」，後者稱為「後天之精」，兩者均藏於腎。

腎是調節體內水液代謝的重要器官，故有「腎主水」之稱，人體水液的輸布與調節，主要靠肺的通調、脾的運化，最關鍵在於腎，腎有分清泌濁的作用，清者即指有用物質會重點吸收，濁者即是無用部分會流入膀胱，並排出體外。故腎臟有病，就難以維持體內水液代謝的平衡，繼而發生水腫或小便失禁等症。

腎藏精，精生髓，髓藏骨腔之中，以充養骨骼，髓又通於腦，故說「腦為髓之海」。此外，牙齒和骨的營養來源同樣也是由腎精所化生，故有「齒為骨之餘」之說。因此，腎

精充足，四肢輕勁有力、行動靈敏、精力充沛、耳聰目明；腎精不足，動作緩慢、健忘、小兒智力發育遲緩或牙齒鬆易脫落。

呼吸雖然由肺所主，但亦需要腎的協調，腎有幫助肺吸氣和降氣的作用，故有「腎主納氣」之説，如腎不納氣，就會發生虛喘、短氣，其氣喘的特點是呼多吸少。

命門之火，一般稱為腎陽，是促進生殖發育的動力，又是其他臟腑之陽的根源。腎陰是物質基礎，腎陽是生命動力，兩者結合，成為生殖、生長發育的根本。命門火衰，即腎陽不足，男子會出現陽萎或精冷無子，女子可能出現胞宮虛寒或不孕症。

腎上開竅於耳，耳與腎有關，腎氣強則聽覺正常，腎氣弱則耳鳴耳聾。腎下開竅於二陰，二陰是指肛門與尿道，故大小二便的排泄均與腎有關，如腎陽不足可致小便失禁或不利、大便溏泄，腎陰不足可致小便如脂膏、大便乾結等。

頭髮的營養雖然來源於血，所謂「髮為血之餘」，但毛髮的生長脫落，能反映腎氣的盛衰。腎氣旺盛則毛髮茂密、烏黑有光澤；腎氣虛衰，則毛髮稀疏、脫落或變白無光澤。故有「腎者，其華在髮」之説。

根據以上所述，腎的生理功能，相當於現代醫學的泌尿、生殖系統和部分內分泌、神經系統的功能，並關係到營養物質的代謝。

認識五臟六腑——六腑

膽、胃、小腸、大腸、膀胱、三焦，總稱六腑。除膽以外，其他「五腑」均具有傳化水穀、排泄糟粕的功能，即所謂「傳化物而不藏」。

膽

附於肝，有兩種功能：一是藏精汁（即膽汁），是由肝疏泄得來，注入腸中幫助消化。因膽汁清淨，故稱膽為「中清之腑」。如果膽汁鬱滯，排泄不暢，就會形成黃疸病。膽雖屬六腑之一，但不接受水穀糟粕，類似於臟，但膽與其他腑的轉輸作用相同，故稱為「奇恆之腑」。二是主決斷，即指膽有判斷事物作出決定的能力。膽與肝的關係密切，互為表裏，肝主謀慮，膽主決斷，這是屬於精神活動的範圍。如俗語說「膽色過人」、《聖經》：「你們當剛強壯膽，不要害怕⋯⋯（申命記三十一章六節）」

胃

位於膈下，上接食道，下通小腸。有受納和腐熟水穀的功能，故有「胃為水穀之海」之稱，胃的這種功能稱為「胃氣」，胃氣以降為順，才能把消化後的食物下輸到小腸，否則會導致飲食停滯或上逆，引起噁心、嘔吐、噯氣、呃逆等症狀。

小腸

位於腹中，上接胃，下接大腸。有受盛化物和分別清濁的功能，即小腸接納來自胃傳下來的水穀，並進一步消化，將精華部分吸收，通過脾而轉輸到全身，將糟粕部分下注入大腸或滲入膀胱，變成大小便然後排出體外。所以，當小腸有病，會影響消化吸收功能外，還會出現小便異常。

大腸

小腸與大腸交接處是闌門，大腸上端接闌門，下端為肛門。大腸接受自小腸下注的濁物，再吸收其多餘的水分，變為成形的大便，然後由肛門排出體外。如果大腸傳導糟粕功能失常，就會出現便秘、便血或泄瀉、下痢等病症。

膀胱

膀胱位於小腹部，它接受由腎下降的水液，貯留到一定量時，便會排出體外，即為小便。膀胱這種功能稱為「氣化」，當氣化功能失常，就會出現小便不利、尿閉或小便頻數、失禁等病症。

從上述五腑的功能，與現代醫學的生理功能雖有小異，但基本上是一致的。

三焦

三焦屬六腑之一，三焦包括上焦、中焦、下焦，對三焦的形態和功能，迄今尚無定論，一般來說：上焦是指心肺；

而中焦指脾胃；下焦則指肝腎、膀胱等。從三焦功能看，上焦如「霧」，指心肺對營養物質的輸布作用；中焦如「漚」，指脾胃的運化作用；下焦如「瀆」，指腎與膀胱的排泄作用。由此可見，三焦的功能，包含了胸腹上、中、下三部有關的臟器及其部分功能，所以說三焦並不是一個獨立的器官。

中藥是如何命名？

中藥來源品類廣泛，要了解中藥，就要先熟悉各種中藥的名稱，原來中藥的命名方法亦相當有趣，一起來認識一下吧！

1. **因地區而命名**

   同一種藥物，在不同地區生長，其品質或性能上亦有差別，如在某些地區所產的藥效最好，則常在藥的名稱之前冠以產地名稱，根據產地而命名的中藥材，習稱為「道地藥材」。例如雲茯苓是雲南特產，杭菊花產於杭州。

2. **因形態而命名**

   中藥原植物的外觀千姿百態，不少中藥就以外形特點而命名。例如人參因其外觀與人形十分相像而得名、鉤藤則因其植物有彎曲的鉤。

3. **因顏色而命名**

   很多中藥具有天然的顏色，因此藥物的顏色也成為了藥名的來源。例如白色的有白芷、黃色的有黃連、紅色的有紅花等。

4. 因氣味而命名

有的藥物會根據其氣味的特點而命名。例如略帶臭氣的有雞屎藤、有陳敗醬氣味的敗醬草。

5. 因滋味而命名

中藥有辛、甘、酸、苦、鹹等不同滋味，不少藥物就以其滋味而命名。例如甘甜味的甘草、苦味的苦參等。

6. 因性能而命名

藥物的性能，有升降浮沉、緩急、走守等差異，因此，有些中藥的名稱，是以其不同的性能而取名。例如升麻之性浮而上升、急性子秉性急速等。

7. 因功效而命名

以其功效而命名的中藥也是有很多的。例如防風能治諸種風邪、益母草善治婦女疾病等。

8. 因生長特性而命名

例如夏枯草，因夏至後花葉枯萎而名；忍冬的葉，經冬不凋等。

9. 因用藥部分而命名

中藥材有用全株的，但大多僅使用其花、葉、根、莖、果實或種子等，因此，由藥用部分命名

的中藥就更多了。例如用花命名的有雞蛋花、用葉命名的有紫蘇葉、用根命名的有葛根、用種子命名的有萊菔子等。

10. **因紀念人名而命名**

有部分藥物是為了紀念發現者或最初使用者而命名的。例如何首烏是説有位姓何的老人，因吃了它而變得長壽、甚至鬚髮變白為黑而得名等。

11. **因進口國名或譯音而命名**

從國外輸入的某些藥物，即以譯音為名，如曼陀羅；也有冠以「番」、「胡」字樣的，如番木鱉、胡椒等。

12. **因避諱而命名**

在封建時代，由於需避帝王的名諱，所以連藥物也要時常更換名字。例如延胡索本名玄（音與「元」同）胡索，就因為避宋真宗的諱而改名的。

此外，還有些藥名來源更有趣：由於人們的習慣喜吉避凶，故將一些不吉利的藥名更換為吉利的名字，例如牡蠣改稱為有利、蟬蛻改稱今進等。

該如何煎煮中藥？

煎劑是中醫治病最常用的劑型，中藥煎煮方法正確與否，會直接影響療效，因此要掌握煎煮方法。

煎中藥最好用砂鍋（俗稱藥煲），因為砂鍋性質穩定，受熱均勻，而且不會使中藥的有效成分起化學變化。煎藥用的水量多少看藥量而定，一般情況下，一兩藥用一碗水，如果藥物的體積大，則宜添多些水。煎藥的目的是提取藥物的有效成分，最佳方法是在煎煮前先將藥物用冷水浸潤十五分鐘，使藥物軟化，然後加熱煎煮，不可直接用沸水，否則藥物裏的蛋白質很快凝固，影響有效成分煎出。

煎煮時應注意火候，未沸前可用「武火」（大火），已沸後宜用「文火」（小火），同時要加蓋煎煮，防止揮發成分逸出。另外某些毒性藥物，經慢火久煎後，能減低或消除毒性，如附子等。

煎藥次數，一般認為外感藥煎一次即可，補益藥可以煎兩次，第二次用水量可減半。若果不慎煎焦了中藥，就不宜服用，需另煎一劑。

一般情況下服中藥，只需每天一劑，病情嚴重的，如急性病發高熱等，可以一天兩劑，此外，一般宜溫服，易嘔吐

者宜小量頻服。

服藥時間也必須根據病情和藥性而定。一般來說，滋補藥宜在飯前服，其他藥性宜在飯後服；而安眠藥物則應在睡前服。無論飯前或飯後服藥，都應略有間距，如飯餐前後一至一個半小時左右，以免影響療效。

煎藥完成後要趁熱過濾，一劑藥每次煎取藥液二百至二百五十毫升左右，即所謂「八分」，小孩可酌減。

一般藥物可合煎，有些藥物性質比較特殊，可用特殊煎藥方法，常見的有以下幾種：

1. **先煎**

   礦物及貝殼藥物質堅，如石決明、牡蠣等，不容易煎出氣味，都要搗碎先煎十五分鐘，及後加入其他藥物同煎。

2. **後下**

   即遲一點投入煎煮，用於氣味芳香、容易揮發的芳香類藥物，如薄荷、藿香等，宜最後放入與其他藥物同煎五至十分鐘即可，以免煎久會使藥效散失。

3. **包煎**

   包煎又稱布包，用於粉末類或小粒的種子類藥物，如青黛、車前子，以及直接刺激咽喉、胃腸

的藥物，如旋覆花、赤石脂等。它們均需用紗布袋包好再和其他藥物同煎。

4. **沖服**

散劑、丹劑、小丸、自然汁以及某些貴重而劑量又小的藥物，需用煎好的藥液沖服，或用溫開水沖服，如牛黃、珍珠末、薑汁等。

5. **另煎**

對於貴重的藥物，如人參、燕窩等，宜另煎或另燉，取汁服或兌入湯劑中服。

6. **烊化**

對於易溶解而不宜入煎的藥物，如阿膠、龜板膠等，宜用煎好的藥液烊化後服用。

7. **焗服**

對於揮發性較強的藥物，如肉桂、茄楠香等，宜用煎好的藥液焗約三至五分鐘即可。

以上幾種不同的煎藥法，中醫在處方時，也會加入註明。有時因為病情或藥性關係，醫師會另有囑咐，記緊聽從為要。

中藥的四氣五味

古語有云：「用藥如用兵」。意為用藥治病，猶同派兵打仗一樣，需要掌握全部敵情（辨別病證），和部署作戰計劃（定下治療法則），然後就要調兵遣將（處方用藥）。辨證、立法、處方三個步驟有一定的規律，簡稱「辨證論治」。但是作戰的具體行動，必須依靠藥物這工具，才能完成消滅疾病。

各種中藥都具有不同的特性和功能，在治療上，就是利用藥物的特點，祛除病邪，調整臟腑功能，糾正陰陽偏盛或偏衰的病理現象，從而達到治療疾病的目的。

藥物的特性，概括起來有四氣五味、升降浮沉（作用趨向）、歸經（作用部位）等，每個方面互有關聯，統稱為藥物的性能。

使用中藥時，必須掌握藥物的性能，讓我們首先認識藥物的四氣五味。

四氣，又稱四性，即**寒、熱、溫、涼**四種藥性，其中，溫熱與寒涼屬於兩類不同的性質，而溫與熱、寒與涼，只是程度上的差異，即涼次於寒，溫次於熱。所以，寒涼藥大多具有清熱、瀉火、解毒的作用，常用作治療熱性病證；溫

熱藥大多具有散寒、助陽、強壯的作用，常用來治療寒性病證。

五味，就是中藥的**辛、甘、酸、苦、鹹**五種藥味。每種藥都有一定的味道，甚至有的是幾種味，每種味都有各自的獨特作用。其具體作用如下：

1. **辛味**
   辛味藥有發散、行氣的作用。如生薑和薄荷能發散解表，治療表證。
2. **甘味**
   甘味藥有補益、緩急、潤燥等作用。如黃芪、黨參能補氣，治氣虛證。
3. **酸味**
   酸味藥有收斂、固澀等作用。如五味子能斂肺止咳。
4. **苦味**
   苦味藥有燥濕、清熱、瀉下等作用。如黃連清熱瀉火燥濕，治胃火上衝的牙齦腫痛和腸道濕熱所引起的泄瀉。
5. **鹹味**
   鹹味藥有軟堅和瀉下等作用。如海藻能軟堅散結，治痰核（頸部淋巴結核）等。

氣味結合　用藥準確

一般來說，味相同的中藥，其作用有共同之處，味不同的中藥，其作用往往不同。

由於每一種藥物都具有一定的氣，又具有一定的味，兩者的關係非常密切。因此，兩者必須綜合起來看，才能比較全面掌握藥物的性能。

例如：紫蘇性味辛溫，辛能發散，溫能散寒，所以紫蘇的主要作用是發散風寒，治療風寒表證。

通常，性味相同的藥物，其主要作用也大致相同。但是，亦有些藥物氣同而味異，或味同而氣異，其功效上也有共同之處和不同之點。例如陳皮、佛手等藥，皆為苦、辛、溫，故都有燥濕理氣的作用。

所以，在辨證準確的基礎上，掌握藥性，運用藥物，才能達到治療疾病的目的。

中藥歸經

中藥中的「歸經」就是藥物對人體某些經絡臟腑，具有特殊選擇性作用，而對其他經絡臟腑的作用較少，或沒有作用，也就是說明藥物治病，均有一定的適應範圍。

「歸經」是以臟腑經絡理論為基礎。人體有十二條經脈，能溝通上、下、表、裏，如果體表有病，可以通過經絡而影響到臟腑。反之，臟腑有病，亦可以通過經絡而反映到體表上。

不同臟腑經絡的病變，所產生的症狀是各有不同的。例如當心有病變時，常出現心悸、心慌、失眠等症狀；肺有病變時，常出現咳嗽、氣喘等症狀。酸棗仁、茯神能安神定心，治失眠心悸，說明它們能歸入心經；貝母、杏仁能鎮咳定喘，說明它們能歸入肺經等。

由上可知，歸經的依據，是以藥物的功效、主治為主的，能治療某一經絡臟腑病變的，就歸入某經。但很多藥物的作用都是多方面的，因此，一藥歸二經的情況也很常見。如黨參歸肺脾二經，因黨參有補肺氣與補脾氣的作用等。

疾病的性質有寒熱虛實等分別，用藥也必須有**溫（治寒證）**、**清（治熱證）**、**補（治虛證）**、**瀉（治實證）**等區分。

第
一
章

中
醫
藥
基
本
概
念

但是，發病的臟腑經絡又是不一致的。如熱性病證，又有肺熱、胃熱、心火、肝火等不同；在用藥治療時，雖然要根據「療熱以寒藥」的原則，選用性質寒涼的藥物，然而還應該考慮臟腑經絡的差異。如葦莖可清肺熱、蓮子心可清心火、夏枯草可清肝火，就是由於它們歸經的不同而有所區別。

因此，在具體選用藥物時，如果只掌握藥物的歸經，而忽略了四氣五味、升降浮沉等性能，也是容易出問題的。故治療時，必須重視藥物的性味、功能及歸經的運用。

如肺經咳嗽，雖然黃芩、百合、乾薑、葶藶子等藥物都歸入肺經，但使用時則需有所選擇：如清肺熱用黃芩、溫肺寒用乾薑、補肺虛用百合、瀉肺實用葶藶子等。

此外，因經絡臟腑病變可互相影響，故在治療時，常不能單純地使用某一經的藥物，如肺病而有脾虛的，會輔以補脾的藥物，使肺有所養，中醫稱這種治法為「培土生金」法。

中藥配伍與服用禁忌

所謂配伍用藥，就是按照病情的不同需要和藥性的不同特點，適當地將兩種以上的藥物配合在一起應用。藥物配伍後，必然會產生複雜的變化，有的能增強藥效，有的能減低藥效，有的能抑制或消除藥物的毒性和副作用，也有的能使毒性增加和產生不良反應。

配伍用藥方法分為七種，又稱「七情」：

1. **單行**
   單用一味藥來治療疾病。對病情比較單純的疾病，可選擇一味針對性較強、療效突出的藥物來治療。如獨參湯，單用人參濃煎，治療因大失血引起元氣虛脱的危重症候。

2. **相須**
   兩種功效類似的藥物配合應用，可以起到協同作用，加強藥物的療效。如石膏與知母都能清熱瀉火，配合應用後能明顯增強療效。

3. **相使**
   用一種藥物作為主藥，配合其他藥物來提高主藥的功效。如補氣利水的黃芪與利水健脾的茯苓配伍，茯苓能提高黃芪補氣利水的療效。

4. **相畏**

   一種藥物的毒性或副作用，能被另一種藥物減輕
   或消除。如生半夏的毒性能被生薑減輕或消除，
   所以說生半夏「畏」生薑。

5. **相殺**

   一種藥物能減輕或消除另一種藥物的毒性或副作
   用。如生薑能減輕或消除生半夏的毒性或副作
   用，所以說生薑「殺」生半夏的毒。

6. **相惡**

   兩種藥物配合應用以後，一種藥可以減弱另一種
   藥物的藥效。如人參「惡」萊菔子，因萊菔子可
   減弱人參的補氣作用。

7. **相反**

   兩種藥物配合應用後，可產生毒性反應或劇烈的
   副作用。如烏頭「反」半夏。

用藥禁忌

　　為了確保療效，安全用藥，避免產生毒副作用，在使用
中藥治病時，必須注意用藥禁忌，用藥禁忌主要包括配伍禁
忌、妊娠禁忌和飲食禁忌三個方面。

　　配伍禁忌是指某些藥物應避免配合應用，以免降低、
破壞藥效，或產生劇烈的毒副作用。前人有「十八反」和
「十九畏」的記載。

　　孕婦生病時，用藥要特別小心，因為有些中藥雖然可以治病，但亦有損害胎兒的副作用，若隨便用藥，輕則動胎，重則滑胎，或是造成胎兒發育不良和畸形。因此，孕婦用藥，必須謹慎。一般地說，凡有大毒的藥、峻瀉藥、破血逐瘀藥、破氣藥，以及辛熱、芳香走竄等作用強的藥物都屬於**妊娠用藥禁忌**的範圍。

　　飲食禁忌，俗稱忌口或戒口，就是患者在服藥時禁止飲食某些食物：

　　一般的食忌可分為兩種，一是食物與藥物有關，即服用某些藥物時不能同吃某些食物，如服用常山忌蔥；薄荷忌鱉肉等。

　　另一種則是食物與疾病有關。凡屬生冷、黏膩、腥臭等不易消化及有特殊刺激性的食物，都應避免服食。此外，對於發高燒的病者，尚應忌油膩；胃痛泛酸者忌醋等。

中醫保健的
基本知識

　　《黃帝內經》認為：女性「五七陰陽脈衰，面始焦髮始墮。」；男性「五八腎氣衰，髮墮齒槁。」，即是説女性三十五歲開始衰老，男性四十歲開始衰老。

　　衰老的表現，可從以下各部分看出，例如：皮膚脱水乾燥出現皺紋；皮下脂肪組織和彈性組織減少，出現鬆弛；毛髮變為細軟且容易脱落，或毛髮變粗硬而易變白；聽力下降、出現耳鳴、耳聾；視力減退、眼矇、眼乾澀、辨色能力差、光暗適應力差，容易患上老化眼、白內障、青光眼、黃斑病變；從外觀看，睫毛會減少、上眼瞼下垂、下眼瞼腫脹、眼球內陷；牙齒色澤及亮度下降、易脱齒；人變得愈老愈矮（可能由於駝背、脊柱變短、髖或膝關節彎曲、筋縮），容易出現骨折或骨質疏鬆。然而老化速度的快與慢，衰老症狀出現的早與遲，壽命的長與短，均主要取決於腎氣的強弱，也與肝心脾肺之衰變有關。

　　預防老化的出現，就要注意多方面：

1. 注意營養均衡，營養包括碳水化合物、蛋白質、脂肪、礦物質、維生素、水。要少肉多菜，飲食清淡。

2. 多吃新鮮蔬菜水果，每天吃 400-800 克不同種類

和顏色的蔬果，蔬果含豐富維生素 A、C、E 及礦物質鐵、硒、鋅，能增強免疫力，加上含有纖維素，可促進腸蠕動，排出有害物質，至於含植物性化合物具有豐富抗氧化劑，可抗衰老、防癌抗癌。

3. 多吃澱粉類食物，澱粉類食物含豐富碳水化合物，是熱量的主要來源，另外亦含有維生素、微量元素、植物性蛋白質和膳食纖維，有抗老防癌的作用。每天可吃 600-800 克，包括：穀類（如：糙米、紅米、燕麥等）、豆類（如：黃豆、黑豆、扁豆等）、根莖類（如：薯仔、芋頭、甘筍等），另外要選擇天然，少加工的食物。

4. 飲食要有節制，不應暴飲暴食。注意飲食衛生，不應吃過熱、過硬、難消化的食物，不應吃未經煮熟的肉類，蔬果亦必須徹底清洗乾淨。注意三餐的合理編配，早餐宜好、午餐宜飽、晚餐宜少，三餐之外，加食品補充，宜少食多餐，飲食宜定時定量，七分飽，不宜過飢過飽。

5. 注意食物的烹調方法，宜蒸、煮、炆、灼、炒、燉，不宜煎、炸、燻、烤、醃製。注意食物的包裝容器及貯藏方法，避免受潮、發霉、腐爛、過期食物，將食物放在乾爽地方或冰箱內，包裝容

器避免用膠盒，最好用無顏色的玻璃或白色陶瓷。

6. 避免選擇過鹹的食物，成人每天應食用少於 6 克（即一茶匙）的鹽，避免醃製食物，如：鹹肉、鹹魚、香腸、臘腸、火腿，減少使用調味料，例如：豉油、蠔油、海鮮醬、味精等。可選用薑、蔥、香草、冬菇粉替代，避免高鹽分食物。如：即食麵，因為食物過鹹會傷腎。

7. 避免吃高糖分食物，如：糖果、朱古力、汽水，限制精製糖攝取量，選擇天然、低糖或無糖食物，例如：新鮮水果，吃糖太多，皮膚會較易衰老，並且容易引致肥胖、糖尿病、脂肪肝、癌症等病症。

8. 限制動物性脂肪攝入，每天應攝入少於 100 克動物性脂肪，吃肉時可去脂肪、去皮、去內臟，肉類煲湯宜去油才飲，避免高脂肪食物，如：鹹肉粽、月餅、牛油曲奇、炸油條、臘味、燒味，宜選用植物油烹調，但需節制用量，高脂肪食物容易引致肥胖、血脂高、癌症，可以選擇果仁、種籽、豆類及豆製品替代肉類，因這些食品含有豐富蛋白質、不飽和脂肪酸、鐵質及膳食纖維。

9. 避免刺激性食物，如：辛辣、濃味、濃茶、奶茶、咖啡，煙、酒。另外亦需注意食品中的添加劑，污染物及殘留物。

　其他生活須知包括：控制體重，堅持做適量運動，生活規律、勞逸結合，保持心情開朗，預防外感時邪，注意環境衛生，保持室內溫度、濕度適中，避免接觸各種射線，定期檢查身體。

為何要固本培元？

什麼是固本培元？固即鞏固，本是根本，培是培補，元是元氣。

中醫認為腎為先天之本，脾為後天之本。腎的主要生理功能是藏精，精是生命的基本物質。腎藏精的含義有二：一是**藏五臟六腑水穀之精氣**（為後天之精，即營養物質），是維持生命、滋養人體各組織器官及促進生長的基本物質。**二是藏腎本臟之精**（為先天之精，即生殖之精），是生育繁殖的最基本物質。因此，腎氣（指機能）的盛衰，直接與人體的生長、發育、衰老和生殖能力有直接關係。前人把腎稱為「先天之本」、「生命生化之源」，說明腎是發育生殖之根本源頭。故此，腎精不宜過度消耗，以免影響全身的各種機能。

脾主要具有消化系統的一些功能。人出世之後，主要有賴脾胃功能運作健全，以保證生長發育的需要，而其中最重要的是脾。脾能消化飲食，把飲食的精華（營養物質）運送到全身，所以說脾是「後天之本」、「氣血生化之源」。

因此，作為生命之源的腎和氣血之源的脾，共同被認為是生命的根本。固本，就是通過先天之本的腎和後天之本的脾，進行保養和調理，全面提高身體各組織器官的功能，使

細胞活化、器官年輕、生命充滿活力。

元氣，是由先天之精所化生而來，先天之精稟受於父母的生殖之精，胚胎時期即已存在，出生之後，必須得到脾胃化生的水穀之精所滋養補充，方能化生充足的元氣。元氣是推動人體的生長和發育、溫煦和激發各個臟腑、經絡組織器官的生理活動，是人體生命活動的原動力，是維持生命活動的最基本物質。

因此，元氣充盛與否，不僅與先天之精有關，而且與脾胃運化功能、飲食營養所化生的後天之精是否充盛有關。若因先天稟賦不足、後天失調或久病耗傷，就會產生多種病變。

固本培元，就是通過補腎健脾的方法，來補充和恢復元氣，增強免疫力，提高整體機能，使身體健康、延年益壽。同時，通過調理陰陽、氣血、臟腑功能，使身體陰陽平衡、氣血順暢、臟腑功能恢復正常生理狀態。所以，早期防治疾病，保持元氣充沛，對於抗衰老有着重要意義。

何謂「虛不受補」?

偶然會聽到別人說,明明感覺怕冷,體質陽虛,但又不能吃溫熱食物或藥物,如雞湯、當歸,一吃就會上火。感覺氣虛無力,又不能吃北芪、人參,吃後反而有胸悶內熱。自覺陰虛症狀明顯,但不能吃熟地、阿膠,一吃胃就會感到難受。

一般人都認為體質虛弱者,就需要進補,但為何又會出現「虛不受補」的感覺呢?

所謂「虛不受補」,就是說體質虛弱,或腸胃功能欠佳,消化吸收狀況很差,甚至濕熱很重,舌苔厚膩等人士,服用補藥或補品後,出現口乾、唇熱,煩躁、睡眠不安,以及消化不良、腹脹等一系列不良反應。

出現上述情況,主要有兩種原因,一種原因是由於患者脾胃虛弱,平時消化吸收功能已減弱,免疫力下降,容易感冒,而許多補品(特別是補血滋補之品),如鮑魚、響螺、水魚、阿膠、花膠等,比較滋膩礙胃,不易消化,脾虛者服後會腹脹胃滯、加重消化不良。

另一種原因是由於「補不對症」,例如陰虛體質者盲目地用溫熱補藥,會使原有的陰虛症候加重。所謂陰虛體質,

即身體由於久病、房勞、多產、熱病後期或情志內傷等，身體的機能不斷地消耗，導致體液不足（陰分不足），神經系統功能不平衡，大多表現為交感神經興奮，陰分不足所表現的症狀（即陰虛症狀）有：低熱顴紅、手足心熱、失眠盜汗、口躁咽乾、視力減退、頭暈耳鳴、尿少而黃，大便秘結、舌紅無苔、脈細而數。而大部分補養藥，如補陽藥和補氣藥，這些溫補藥物能興奮神經系統，尤其是交感神經系統，使人體功能亢盛，使原有的陰虛症狀（虛火）加重。

在使用補虛藥時還有一點需要留意，就是防止「閉門留寇」，當中的「寇」即是「病邪」，泛指一切炎症或毒素，對於病邪（如外感、瘡瘍）尚未完全清除的病人，不宜過早使用補養藥，以免「留邪」，因為許多補養藥有收斂、抗利尿、止瀉、止汗等作用，不利於病邪（毒素）從大小便或發汗而解，因此說為「留邪」「留寇」，若果必須應用時，也要與祛邪藥配合，以扶正祛邪。

所以，在使用補養藥或補品時，必須根據個人體質而選擇進補的方式，或清補、平補、溫補等，注意消化功能，以防止「虛不受補」、「閉門留寇」，同時不應依賴補品。只要在日常生活中，注意飲食有節，起居有常，勞逸結合，保持心情舒暢，加強適量運動，這樣做已經達到調補強身的作用了。

致病的根源——
風邪

中醫認為，人體對外界致病因素的抗禦能力，稱為「正氣」，而致病因素就叫「邪氣」，疾病就是正氣與邪氣鬥爭的一個複雜過程。在《內經》一書中把病因分為「內因」和「外因」兩大類，前者是病始於內，後者是病起於外。

外因包括六淫，六淫是：自然界的**風、寒、暑、濕、燥、火**，六種氣候的異常變化。這些反常氣候引起的疾病，各有不同的特點，這裏只簡略介紹「風邪」。

何謂「風」？

根據自然界「風」的特性，是一種無形的活動氣體，來去迅速、變化多端、活動性大，時有時無，能使樹梢動搖。風是春天的主氣，但四季皆有，並常與其他病邪結合而致病。因此，風邪引起的病症為多見，故有「風為百病之長」的說法。

風邪致病的特點：

1. 發病急、消失快、病程短：如風疹塊。
2. 風性善行而數變，故其症狀常表現遊走不定，如風痺（遊走性的風濕性關節炎，其痛處不定）。
3. 風性多動，故稱多動的一些症狀，如抽搐、震

顫、眩暈等歸之於風。

4. 風性輕揚，多侵及體表和頭面。

5. 風邪傷及皮膚可以發癢。

6. 風性疏泄，侵襲人體肌腠，可使皮毛、汗孔開泄、故出現汗出、惡風等症狀。

風邪常引起的病證有兩種，即外風和內風，外風主要是傷風感冒及感染疾病的早期症狀，在臨牀上，風邪雖然可以單獨致病，但往往是兼夾其他病邪同時侵犯人體，如風寒、風熱、風濕等。

風寒為風邪與寒邪結合，症見惡寒重、發熱輕、頭痛、全身痠痛、鼻塞流涕等。風熱為風邪與熱邪結合，症見發熱重、惡寒輕、口渴、舌乾、目赤、咽痛等。風濕，為風邪與濕邪結合，症見肢體困倦、頭重如裹、納呆、噁心欲吐、小便少、大便泄瀉等。

內風是風從內生，是疾病發展到比較嚴重階段的病理現象，內風乃與心肝腎三臟有關，主要責之於肝功能失調，表現大多關係於筋、目和精神異常，症見頭暈目眩、四肢麻木、肌肉跳動、抽搐、角弓反張，乃至卒然昏倒、不省人事、口眼喎斜（面癱）、半身不遂，臨牀常以「肝風內動」通稱之。內風的發生，不外乎血虛生風（因貧血、失血引起的頭暈眼花，四肢麻木等）、熱極生風（因高熱引起的抽搐、神昏，如流行性腦膜炎）、陰虛動風（因肝腎陰虛而致

肝陽上亢，多見於高血壓病、腦血管意外等）。

　　預防風邪致病，需要注意起居生活正常，均衡飲食，情智穩定，勞逸結合，適量運動，以及衣著適中以避免風邪入侵等。至於血虛生風之頭暈眼花，可用紅棗三十枚，洗淨，清水三碗煎存一碗、溫服，有補血作用。

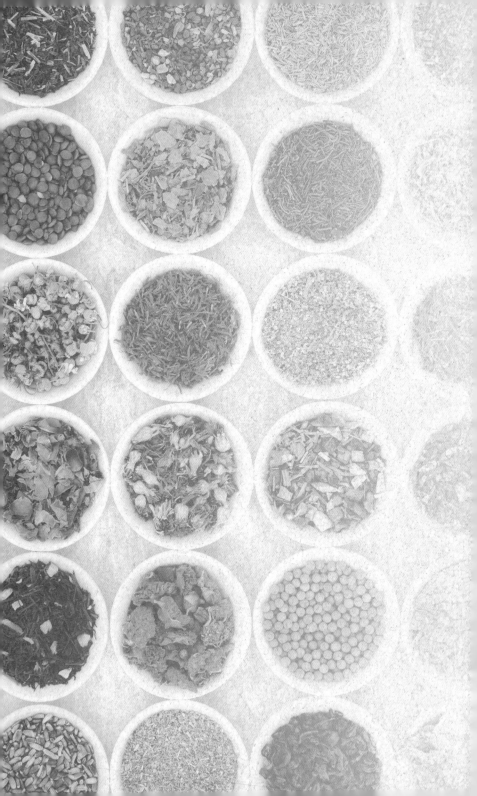

第 二 章

消除都市人常見病症

新冠狀病毒肺炎

新冠狀病毒肺炎屬於中醫所講的「疫癘」，預防疫症古人早就認識到要「未病先防」「正氣存內」的道理。

《內經》說：「肺為五臟六腑之華蓋」，認為肺對其他臟腑有覆蓋保護的作用，而五臟六腑、經絡之氣的盛衰，都與肺有密切關係，所以我們要好好保養肺臟。

參考古人防疫經驗，預防新冠肺炎有以下方法：

1. 持之以恆做適量運動。
2. 作息定時，避免熬夜及過勞。
3. 保持心境平和。
4. 保持大小便暢通。
5. 注意飲食衛生及均衡，以少肉多菜為主。避免進食冰凍、煎炸、燥熱、辛辣、肥膩及生冷等食物，禁煙酒。每天用淡鹽水漱口及喉三至四次，並多次飲用暖水，以滋潤喉嚨。
6. 注意個人衛生，要勤洗手，避免與人握手。盡量避免直接接觸公用設施。戴口罩，不要用手觸摸眼鼻口面，不要與附近的人同時摘掉口罩。咳嗽或噴嚏時要用紙巾掩住口鼻，如廁後要洗手，不要隨地吐痰。不要共用私人物品和共用飲品，吃飯時使用公筷。家居物品要定期清潔消毒。

7. 注意環境衛生，定期注清水入排水口。如廁後蓋上廁板才沖廁。室內要開窗保持空氣流通，溫度最好調節在攝氏二十五度左右，濕度在百分之五十五左右。

8. 小心穿衣保暖，避免外邪入侵。

9. 為確診或疑似患者設立隔離病房，阻止疾病傳播。

10. 避免人多聚集，不要密切接觸，保持一定的社交距離（約三尺）。

以下介紹幾種中醫壯肺方法：

1. **拍打肺經**
   用空拳拍打肺經循行路線，由中府穴向下至少商穴方向拍打，每邊手拍打十下為一次，左右各五次。有疏通肺經，增強呼吸系統的抵抗力。

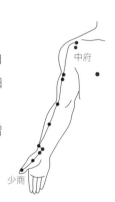

2. **按摩穴位**
   按合谷、足三里、風池穴位，各揉按三十下。有疏通經絡、健脾鎮痛、增強免疫力的作用。

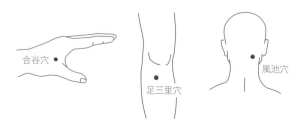

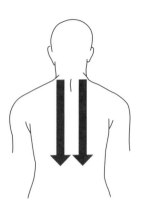

3. **刮痧**

   用刮痧板刮拭皮膚。刮痧
   上背部兩旁脊肌（拍打或
   拔罐也可以），可疏通經
   絡，排走體內濕氣毒素，
   並促進血液循環，增強免
   疫力的作用。

4. **呼吸操**

   呼吸操要站立放鬆做。用鼻子吸氣，吸氣時下腹
   凸出，忍住十秒鐘以上；呼氣時像吹口哨那樣用
   嘴慢慢將氣呼出去，下腹凹入。建議每天早、晚
   各鍛煉五至十分鐘，可增強肺功能。

5. **主動咳嗽**

   每日早晚做主動咳嗽的動作。可以清除呼吸道及
   肺部的廢物，減少肺部受感染的機會。

6. **香薰療法**

   香薰療法是採用辛溫香燥的中藥，如：檀香、藿
   香、蒼朮等。有芳香開竅、辟穢化濁和消毒殺蟲
   的功效。常用方法有焚香燻煙及佩帶香囊。研究
   發現香囊能刺激鼻黏膜上「分泌型免疫球蛋白 A」
   的含量提高，從而提高人體免疫力，起到預防傳
   染病的作用，但有過敏性體質、哮喘、皮膚過敏

人士及孕婦等不宜。

7. 湯水預防

一般來説，飲食、大小二便、睡眠均正常，抵抗力較強人士，不需服藥預防。若有相關情況，可參考以下防疫湯，但患有基礎病或症情複雜者，可先請教中醫師診治。

一、平素易感冒，怕風，易汗，面色蒼白，大便稀爛。

湯方：淮山蓮子芡實赤小豆扁豆瘦肉湯

性平

二、平素易咽喉不適，口乾作咳，常覺有熱內困，易疲倦，大便易結。

湯方：雪耳無花果南杏百合紅蘿蔔瘦肉湯

性平

總而言之，新冠狀病毒主要通過飛沫和接觸被飛沫沾染的表面進行傳播。所以預防新冠肺炎主要有三種：

1. 避免密切接觸，保持一定的社交距離（約三尺）
2. 勤洗手
3. 戴口罩

能做到以上這三點，被感染的機會就會大大減少。

流行性感冒

　　預防流行性感冒，要注意均衡飲食，足夠休息及做適量運動，以增強體質，保持良好的個人衛生、室內清潔及空氣流通。飲食宜清淡富營養，注意多飲水，多吃蔬果，避免煎炸、燥熱、肥膩、生冷及刺激性的飲食，忌煙酒。同時，可以飲用湯水作為保健。

清肺潤肺食療（四人分量）

1 橄欖蘿蔔水

性微寒

材料：鹹橄欖四枚、白蘿蔔一斤、冰糖適量

製法：將所有材料以適量清水煎存四碗

功效：清熱利咽

備註：適合體質偏於熱者，症見口乾、喉乾、面紅、身熱、煩躁、小便短黃、大便秘結等

2 竹蔗紅蘿蔔馬蹄茅根水

性寒

材料：竹蔗半斤、紅蘿蔔半斤、馬蹄十枚、茅根一兩、冰糖適量

製法：將所有材料以適量清水煎存四碗，加適量冰糖即成

功效：清肺胃熱

備註：適合體質偏於熱者，症見口乾、喉乾、面紅、身熱、煩躁、小便短黃、大便秘結等

3 雪耳燉木瓜

性微寒

材料：雪耳三錢、木瓜一個（約一磅）、
　　　冰糖適量

製法：先將雪耳浸開，與木瓜以適量清水煎存四碗，加
　　　適量冰糖即成

功效：滋潤壯肺

備註：適合體質偏於熱者，症見口乾、喉乾、面紅、身
　　　熱、煩躁、小便短黃、大便秘結等

4 無花果冰糖水

性微寒

材料：無花果四兩、冰糖適量

製法：將所有材料以適量清水煎存四碗，加適量冰糖即
　　　成

功效：清熱潤肺

備註：適合體質偏於熱者，症見口乾、喉乾、面紅、身
　　　熱、煩躁、小便短黃、大便秘結等

5 蘋果南杏蜜棗瘦肉湯

性微寒

材料：蘋果三個、南杏一兩、蜜棗三枚、
　　　瘦肉半斤

製法：先將蘋果去皮核，加入其他材料以適量清水煎存
　　　四碗

功效：清熱潤肺

備註：適合體質偏於熱者，症見口乾、喉乾、面紅、身
　　　熱、煩躁、小便短黃、大便秘結等

6 雪耳無花果南杏百合瘦肉湯

材料：雪耳三錢、無花果四枚、南杏一両、
百合一両、瘦肉半斤

製法：先將雪耳浸開，加入其他材料以適量清水煎存四
碗

功效：清熱潤肺

備註：適合體質偏於熱者，症見口乾、喉乾、面紅、身
熱、煩躁、小便短黃、大便秘結等

---

7 西洋菜羅漢果蜜棗瘦肉湯

材料：西洋菜一斤、羅漢果三分一個、
蜜棗三枚、瘦肉半斤、生薑二片

製法：將所有材料以適量清水煎存四碗

功效：清熱潤肺

備註：適合體質偏於熱者，症見口乾、喉乾、面紅、身
熱、煩躁、小便短黃、大便秘結等

---

8 青紅蘿蔔薯仔蕃茄洋葱瘦肉湯

材料：青蘿蔔四両、紅蘿蔔四両、
薯仔四両、蕃茄四両、洋葱四両、
瘦肉半斤、生薑二片

製法：將所有材料以適量清水煎存四碗

功效：清熱滋養

備註：適合體質偏於熱者，症見口乾、喉乾、面紅、身
熱、煩躁、小便短黃、大便秘結等

溫肺健胃食療（二人分量）

1 薑蔥橄欖水

性溫

材料：生薑三錢、蔥頭五錢、鹹橄欖二枚

製法：將所有材料以適量清水煎存二碗

功效：健胃驅寒利咽

備註：適合體質偏於寒者，症見口淡、面色蒼白、怕冷、小便清長、大便泄瀉等

2 蔥豉湯

性溫

材料：蔥頭五錢、淡豆豉三錢、生薑三錢

製法：將所有材料以適量清水煎存二碗

功效：健胃驅寒除煩

備註：適合體質偏於寒者，症見口淡、面色蒼白、怕冷、小便清長、大便泄瀉等

3 薑糖飲

性溫

材料：生薑五錢、紅糖適量

製法：將生薑以適量清水煎存二碗，加適量紅糖即成

功效：健胃驅寒

備註：適合體質偏於寒者，症見口淡、面色蒼白、怕冷、小便清長、大便泄瀉等

4 生薑炒米粥

性溫

材料：生薑五錢、炒米一兩

製法：以生薑及炒米煲粥，加少許鹽調味即成

功效：益氣健胃

備註：適合體質偏於寒者，症見口淡、面色蒼白、怕冷、小便清長、大便泄瀉等

健脾去濕食療（四人分量）

1 薏米赤小豆扁豆瘦肉湯

性平

材料：薏米一兩、赤小豆一兩、扁豆一兩、瘦肉半斤

製法：將所有材料以適量清水煎存四碗

功效：健脾去濕

備註：適合體質偏於濕重者，症見疲倦乏力、頭身重、大便稀爛、胸悶等

2 薏米粥

性微寒

材料：薏米一兩、白米一兩

製法：將材料煲粥即成

功效：健脾去濕

備註：適合體質偏於濕重者，症見疲倦乏力、頭身重、大便稀爛、胸悶等

3 扁豆粥

材料：扁豆一両、白米一両

製法：將材料煲粥即成

功效：健脾去濕

備註：適合體質偏於濕重者，症見疲倦乏力、頭身重、
大便稀爛、胸悶等

---

4 赤小豆粥

性平

材料：赤小豆一両、白米一両

製法：將材料煲粥即成

功效：健脾去濕

備註：適合體質偏於濕重者，症見疲倦乏力、頭身重、
大便稀爛、胸悶等

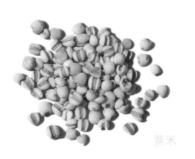

薏米

頭痛

頭痛是常見的不適症狀，特別容易發生在工作過勞、精神緊張、用腦過度的時候。頭痛可以是全身性疾病的一種表現，有時可能是某些嚴重疾病的主要或早期表現。常見的有發熱（感冒、瘧疾等）、高血壓病、頸椎病、眼耳鼻喉病（青光眼、鼻竇炎等）、腦部疾病（炎症、腫瘤等）、中毒性疾病（尿毒症、鉛中毒等），神經性頭痛、偏頭痛和神經衰弱等。另外遺傳因素、食物因素、過敏等也可引起頭痛。

最常見的頭痛是偏頭痛以及緊張性頭痛。

偏頭痛，是一種慢性的神經血管性疾病。發作多呈搏動性痛，在活動後會加劇。頭痛多發生在偏側，持續數小時至數天不等。常伴有噁心、嘔吐，光、聲刺激或日常活動均可加重頭痛，安靜環境、休息後可緩解。女性發病多於男性。

緊張性頭痛，是最常見的頭痛之一。每當睡眠不足、壓力過大、精神緊張或坐姿不良引發，頭痛多在頭部大範圍、雙側太陽穴、後頭部，頭頸部肌肉有收縮牽扯感，肩頸肌肉繃緊感覺。持續數小時至數天不等。活動後不加劇。女性發病較多。

頭痛病因甚多，按中醫理論，不外乎外感和內傷兩大

類，外感頭痛由感受風、寒、濕、熱等外邪引起，尤以風邪為主，臨牀表現為時短暫，治宜祛風散邪；內傷頭痛與肝、脾、腎三臟功能失常或氣血不足等有關，臨牀表現為時較久，有虛有實，錯綜複雜，治宜辨別虛實，或平肝、補腎、補血等方藥治療。有時亦有按頭痛部位，根據經絡循行路線，選擇適當的穴位針灸，或進行放鬆肌肉按摩法。

頭痛患者在飲食方面亦需注意某些宜忌，例如頭痛有內熱或肝火盛者，不宜煙酒、食用薑蒜及辛辣食物，虛症頭痛可多食富有營養的食物如瘦肉、豬肝、枸杞、雞蛋、紅棗、桂圓、核桃、蓮子等，實症頭痛可食新鮮蔬菜、水果和具有清涼作用的食品，如菊花茶，綠豆湯，西瓜汁等。

減輕頭痛食療

1 黨參紅棗茶

性溫

材料：黨參三錢、紅棗八枚

製法：將材料煎水飲

功效：養血益氣

主治：氣血不足的偏頭痛

2 蟬花薯仔瑤柱瘦肉湯

材料：蟬花六錢、薯仔四両、瑤柱二枚、
瘦肉六両、生薑二片

製法：1. 用清水洗淨，薯仔去皮洗淨切塊

2. 洗淨瑤柱浸軟拆散，留浸瑤柱水

3. 瘦肉洗淨切片出水，生薑去皮洗淨切片

4. 將所有材料連浸瑤柱水，用清水六碗煎存三碗

用法：溫服

功效：滋養明目，鎮靜祛風

主治：肝盛（症見頭脹痛、面紅目赤、煩躁易怒）或肝
陰不足（症見頭痛綿綿、日久不癒、或兼有腰痛
乏力、顴紅、煩怒加劇）引起的頭痛，面部易熱
易紅，眼目昏花，血壓高等

備註：感冒、痰濕者等不宜

3 菊花茶

材料：菊花三錢

製法：以沸水沖泡飲

功效：有疏風清熱、解毒明目的作用

主治：感冒風熱及肝熱引致的頭痛

備註：體質虛寒者不宜

神經衰弱

現代人生活緊張，工作壓力大，因此愈來愈多人患上神經衰弱。

神經衰弱是指大腦由於長期的情緒緊張和承受精神壓力，導致精神活動能力減弱的功能性疾病。其主要特徵是精神易興奮和易疲勞、睡眠障礙、頭痛並伴有各種軀體不適的症狀。病程遷延，症狀時輕時重，病情波動常與社會心理因素有關。診斷該病時需排除器質性病變。

神經衰弱大多由於思慮勞倦過度或精神過度緊張，傷及心脾所致。心主血脈，血的生成主要依靠心脾二臟的協調配合。如果精神活動失常，心血過度消耗，就會影響脾胃的運化；反之，勞倦傷脾，健運失司，不能充分地把水穀精氣輸送到心，也會造成心血不足。這樣就會出現失眠、多夢、健忘、乏力等一系列心脾不足、氣血兩虛的症候。此外，久病或婦女產後失血過多，導致氣血虧耗，亦能引起此病。進一步則引起肝腎陰虛、心肝火旺，出現心煩、急躁易怒、遺精、舌紅、脈數等陰虛火旺的症狀。

神經衰弱一般起病較慢。大多數病人剛開始時夢多易醒，醒後翻來覆去，不容易再次入睡。如不採取正確治理，將使失眠情況逐步嚴重，從僅三、四小時，會發展到甚至徹夜不寐。隨着睡眠時間日益減少，而出現一系列的症狀，如

頭暈、頭痛、腦脹、驚悸、耳鳴、目花、健忘、思想不易集中，容易興奮激動、焦慮、煩躁，學習和工作效率降低。還會出現消化系統症狀，例如納呆、胃脘脹痛、噯氣泛惡、咽喉如有物哽阻、腹瀉或便秘；生殖系統症狀如陽痿、早泄、遺精、帶下和月經不調等。在體檢中，或會有皮膚紅潤、手足多汗、心跳加快、感覺過敏、腱反射活躍或亢進，但並不會與症狀相適應的陽性體徵發現。

神經衰弱患者要有持之以恆的適量運動，勞逸結合，避免勞慮過度或過飢過飽，良好的睡眠是治療神經衰弱的關鍵。睡前應避免食用一切具興奮和利尿作用的食品，如咖啡、茶等。亦可以使用中醫藥及食物調治神經衰弱，效果亦相當良好。

神經衰弱食療

1 蓮子百合金針花瘦肉湯

性平

材料：蓮子一兩、百合一兩、
　　　金針花（乾品）一兩、瘦肉半斤

製法：1. 蓮子、百合洗淨，金針花浸泡洗淨

　　　2. 瘦肉洗淨切片出水

　　　3. 用清水八碗煎存四碗，加鹽少許調味即成

用法：溫服，飲湯食渣

功效：滋養寧心，安神解鬱

主治：神經衰弱，心悸失眠，精神不安，憂愁思慮過度等

2 江瑤柱豬瘦肉湯

性平

材料：江瑤柱六錢、瘦肉六両

製法：1. 江瑤柱洗淨浸軟拆散，留浸江瑤柱水

2. 瘦肉洗淨切片出水

3. 將所有材料，包括江瑤柱水，用清水四碗煎煮，大火煲滾，改用小火

4. 煎至二碗湯，加少許鹽調味即成

用法：溫服，飲湯食渣

功效：滋陰補腎

主治：腎陰虛引致的心煩口渴、神經衰弱、失眠、多夢、夜尿多等症

備註：外感未清、痰多及痛風者不宜

3 鮮百合蛋花糖水

性平

材料：鮮百合二両、雞蛋一隻、冰糖適量

製法：1. 百合洗淨，雞蛋打散

2. 用清水二碗煮溶冰糖，放入百合、雞蛋

3. 水滾後再煮一分鐘即成

用法：溫服

功效：養陰潤燥，清心安神

主治：陰虛而致失眠、心悸、煩躁不安、精神不寧、皮膚乾癢

失眠

失眠是一種症狀，大致可分為三種形式：

1. 入睡困難；
2. 過早清醒、不易再睡；
3. 間歇性睡醒等。

失眠的原因主要有三方面：

心理因素：如精神過度緊張、興奮、焦慮、抑鬱等。

生理因素：如患病或不適，因工作或旅遊以致「生理時鐘」受到擾亂，以及服用興奮性飲品或藥物等。

環境因素：如外界嘈雜、光線刺激、室溫太高或太低；牀褥太軟或太硬；睡眠環境突變或有蚊叮蟲咬等。

要根治失眠，最好先找出原因治理，亦可參考以下的處理方法：

1. 調節生理時鐘，起居生活要有規律，作息定時。
2. 消除心理因素，放鬆心情，樂觀開朗，不要為明天憂慮。
3. 改善睡眠環境，保持臥室寧靜舒適，空氣清新，溫度適宜，光線宜暗，牀鋪被褥乾淨舒適，枕頭

軟硬適中。

4.　每天要作適量運動，以助鬆弛身心。

5.　日間經常梳頭，梳頭的動作能鬆弛頭部神經的緊張狀態，因此應在日間時間梳頭三至五次，每次三至五分鐘。

6.　臨睡前用熱水浸腳，可消除全身及足部的疲勞，減少惡夢，改善睡眠。

7.　臨睡前聽一些輕柔的音樂，亦有催眠的作用。

8.　睡前不宜太餓或太飽，也不宜喝茶或咖啡等刺激性飲品。

9.　若失眠持續或沒有改善，應即請教醫生，切勿自行購買或長期服用安眠藥。若選擇中醫藥治療失眠，可請教中醫師辨證論治。

失眠食療

1 金針菜豆腐冬菇瘦肉湯

性平

材料：金針菜二両、豆腐一磚、鮮冬菇一隻、瘦肉半斤、蔥花少許

製法：1. 先將乾燥金針菜浸泡洗淨，豆腐切細，鮮冬菇去蒂洗淨，瘦肉洗淨切片出水

　　　2. 將金針菜、豆腐、瘦肉用清水八碗煎至四碗，加入冬菇再煎片刻，加入蔥花及鹽少許調味即成

用法：溫服，飲湯食渣

功效：安神健腦，除煩清熱

主治：神經衰弱，失眠

2 蓮子百合瘦肉小米粥

性平

材料：蓮子三錢、百合三錢、瘦肉四两、
　　　小米一两

製法：1. 蓮子、百合、小米清水洗淨

　　　2. 豬肉洗淨切片

　　　3. 將以上材料用清水四碗煲粥，加鹽少許調味即成

用法：溫服

功效：滋養和胃、養心安神

主治：脾胃虛弱，心神不安所致的失眠多夢，精神煩
　　　躁、神經衰弱等

備註：蓮子味甘、澀，性平，有養心安神、益腎固澀、
　　　健脾止瀉的作用。百合味甘、微苦，性平，有潤
　　　肺止咳、清心安神的作用。小米味甘，性涼，有
　　　健脾除濕、和胃安眠、清熱解渴的作用。小米營
　　　養價值高，其中所含的色氨酸，能促使一種讓人
　　　產生睡意的血清素——五羥色氨，所以小米是一
　　　種很好的安眠食品

3 龍眼肉紅棗水

性溫

材料：龍眼肉三錢、紅棗十五枚

製法：龍眼肉、紅棗洗淨，用清水三碗煎存一碗

用法：溫服

功效：健脾養血，安神

主治：思慮過度、勞傷心脾之失眠健忘、心悸、怔忡

備註：感冒、痰火及濕滯停飲忌服

記憶力減退

　　記憶力減退又稱健忘，是指記憶力差，遇事易忘的一種病症，尤其對近期發生的事情、數字、人名尤為明顯，常伴有注意力不集中，工作效率降低，工作過久即感頭昏腦脹，疲乏無力。有的還會表現出失眠、食慾減退、語言遲緩、神思欠敏、腰腿痠軟、表情呆滯等病狀。

　　按中醫理論認為本病多因心脾不足、腎精虛衰而引起，由於思慮過度，傷及心脾，引致消化吸收機能減弱，造血不足；如先天稟賦不足或房事不節、大病之後、年老體弱，營養失調、精神長期受刺激或勞心用腦過度等，均會引致精力虧損。若長期心脾不足、腎精虛衰，就會導致腦失所養，記憶力衰退。

　　思慮過度者，症見精神疲倦、面色無華、食少心悸，失眠多夢健忘。**腎精虧耗者**，症見腰痠乏力，多夢失眠，心煩易醒，體倦神疲或精神恍惚，頭暈耳鳴健忘，甚或遺精早泄等。

　　中醫治療本病之原則以養心血、補脾腎為主。飲食調理方面，應多進食優質蛋白質，如乳類、蛋類、肉、魚、動物肝臟等，用以強化大腦功能。多吃各種蔬果，以補充足夠的維生素 C、B 族等。經常食用黃綠色蔬菜，並多吃富含鈣、鎂、鋅類的食品，如海產類、貝殼類、魚類、乳類、豆類、

堅果類等，能調節電解質平衡。

在日常方面，可多吃含豐富卵磷脂的食物，卵磷脂對乙醯膽鹼的生成至為重要，而乙醯膽鹼是神經傳遞介質，若大腦中缺乏乙醯膽鹼，記憶力就會衰退。因此，多吃含卵磷脂的食物，有增強記憶力的功效，對改善大腦機能有着重要作用。含卵磷脂豐富的食物包括：蛋黃、松子、核桃、花生、桂圓、大棗、大豆、黑芝麻、葵瓜子、青花魚，其他如冬菇、小米、黃花菜、銀杏葉等，也有健腦作用。

除了選擇補腦的食物外，也需要有充足的睡眠和休息，持之以恆的運動，生活起居要有節制，不宜飯後立即用腦（以免影響消化功能），戒煙酒，掌握記憶竅門及改善精神心理的不良刺激等，對預防記憶力減退亦有幫助。

記憶力減退食療

1 花生冬菇瘦肉湯

性平

材料：花生一両、冬菇一両、瘦肉半斤、生薑二片

製法：1. 將花生沖洗，冬菇去蒂洗淨浸軟，留浸冬菇水

2. 瘦肉洗淨切片出水，生薑去皮洗淨切片

3. 將所有材料及冬菇水，用清水八碗煎至四碗，加少許鹽調味即成

用法：溫服

功效：健脾益氣，健腦益智

主治：脾虛氣弱、記憶力衰退、疲倦乏力、健忘

2 黑芝麻核桃豆漿鮮奶糊

性平

材料：黑芝麻一両、核桃肉一両、豆漿 250cc、
鮮牛奶 250cc、白糖適量

製法：1. 將黑芝麻、核桃肉洗淨，微炒香

2. 把所有材料放入攪拌機內磨成糊狀並煮沸

3. 加白糖調味，待白糖溶後即成

用法：溫服

功效：補腦益智、滋潤肌膚

主治：體質虛弱、記憶力減退，鬚髮早白、大便秘結、
皮膚皺紋、黃褐斑、腰膝無力、骨質疏鬆

3 冬菇魚頭瘦肉湯

性平

材料：冬菇五錢、魚頭一個（約一斤）、
瘦肉四両、生薑二片

製法：1. 冬菇去蒂洗淨浸軟，留浸冬菇水

2. 魚頭洗淨切兩半，抹乾後以薑煎

3. 瘦肉洗淨切片出水，生薑去皮洗淨切片

4. 將所有材料及冬菇水，用清水八碗煎存四碗

用法：溫服，飲湯食渣

功效：補腎滋補，健腦益智

主治：腎虛健忘、失眠、頭暈、疲倦

氣鬱體質

所謂「有諸內者必形諸外」，中醫根據構成人體體質的結構、功能、心理等要素，觀察個體的皮膚、形態、飲食習慣、性格心理特點以及對環境的適應性、對疾病的易感性等方面，歸納出不同體質的特徵。要了解自己的體質，採取相應的保健措施，方可起到預防疾病和強身健體的效果。

現在就讓我們先談氣鬱體質者應如何養生，氣鬱體質是由於長期情志不揚、氣機鬱滯而成的，以性格內向、情緒不穩、神情抑鬱、情感脆弱、敏感多疑為主要特徵。其成因多因先天遺傳、突然遭受強烈的精神刺激又或所欲不遂憂鬱思慮等。

氣鬱體質者其體形偏瘦，常感到悶悶不樂，鬱鬱寡歡，容易緊張、激動，焦慮不安，坐臥不寧，多愁善感。情感脆弱，遇事敏感、多疑，對身邊很小的事情都能引起心情的變化，常有悲觀失望的感覺，對任何事情都覺得無聊，對生活沒有信心。常為一些小事情生氣，在情緒波動較大的情況下，如生氣、緊張、焦慮的時候，會出現兩脇疼痛、頭痛、偏頭痛。常感到乳房及脇部脹滿，或有走竄疼痛的感覺。常無緣無故嘆息，感到孤獨，有想哭的感覺。不思飲食，脘腹脹滿或噯氣、呃逆。咽喉部有堵塞感或有異物感，有吐不出、咽不下的感覺。睡眠質量較差，容易受到驚嚇，常出現

心慌、驚悸、健忘的現象。皮膚灰暗、無光澤、缺乏血色，面色偏黃或蒼白。舌淡紅，苔薄白，脈弦細。

氣鬱體質者對精神刺激適應能力較差，不喜歡陰雨天氣。其發病傾向以抑鬱症、臟躁症、百合病、不寐、梅核氣等病症為多。

在保健養生方面，氣鬱體質者起居宜動不宜靜，宜參加群體活動，積極鍛煉體格，培養多方面興趣，多聽輕快的音樂，多結交性格開朗的知心好友，居住環境宜清靜，防止獨處，作息定時，勞逸結合，待人以恕，凡事包容，不要為明天憂慮，樂觀開朗，凡事量力而為。

氣鬱體質者飲食方面亦要均衡，可多吃玫瑰花、菊花、茉莉花、合歡花、黃花菜、橘葉、金橘、橙、柚子、洋葱、絲瓜、蘿蔔等具有疏肝解鬱、理氣寬胸作用的食物。避免寒涼生冷食物，不宜睡前飲茶、咖啡或可可等具有提神醒腦作用的飲品。

氣鬱體質食療

1 玫瑰菊花茶

性平

材料：玫瑰花一錢、菊花一錢

製法：用沸水沖泡後飲

用法：溫服

功效：疏肝解鬱

主治：肝氣不舒之心煩

2 黃花菜蓮子百合瘦肉湯

性平

材料：黃花菜一兩、蓮子五錢、百合五錢、
　　　瘦肉半斤

製法：黃花菜浸洗，蓮子百合沖洗，瘦肉清洗後切片出
　　　水，用八碗水煎存四碗

用法：溫服

功效：解鬱除煩、養心安神

主治：肝氣不舒之心煩、失眠、健忘

3 合歡花茶

性平

材料：合歡花二錢

製法：用沸水沖泡後飲

用法：溫服

功效：理氣解鬱、安神

主治：肝氣不舒之心煩、失眠、健忘、胸中鬱悶

肝火盛

何謂「肝火盛」？當我們觀察到別人性情急躁易怒，面紅目赤，動輒發火罵人，我們就會說他「肝火盛」。有時候當我們遇到不如意的事，或者受到不公平對待，都會大動肝火，拍案叫罵。

在正常情況下，喜、怒、憂、思、悲、恐、驚，這七種情感活動，是大腦對客觀事物的反應，屬於正常生理範圍，不會引起身體不適，有時候還會有益身心，如俗語所講的「喜笑顏開」、「人逢喜事精神爽」等。

但如果人的情志活動太過度，也會影響到某些疾病的發生或加重病情，有時甚至會危及生命。如憂思太甚易患神經衰弱，經常抑鬱不舒易致胸肋脹痛，怒氣太過易誘發冠心病，甚或傷及他人身體等。

中醫認為，如果人精神受刺激的程度嚴重或持續時間較長，就會引起陰陽失調，氣血不和，經絡阻滯，臟腑功能紊亂，從而導致正氣虛弱，免疫力下降，繼而令到疾病發生。

憤怒過極，肝火旺盛，導致交感神經高度興奮，血壓會突然升高，促使心肌梗塞或腦血管意外的發生。肺結核患者可能會出現喀血，即中醫所説的「肝火犯肺」，胃潰瘍患

者可會出現嘔血，即中醫所說的「肝火犯胃」。此外，如經常壓力大，心情緊張，肝火盛，亦可能導致甲狀腺機能亢進症。

當身體出現肝火旺盛時會有什麼症狀呢？一般情況下，肝火旺身體上部會有熱象或上冲性症狀，如頭暈、頭痛、面紅、目赤、口苦、口臭、口乾舌燥、易怒、眼乾、睡眠欠佳、身體悶熱、舌苔厚，甚者發狂、暈厥、嘔血等。女性可有月經紊亂，孕婦可有惡阻、嘔吐苦水、惡食挑食、眩暈口苦等。

在現代醫學中，雖然沒有「肝火」一詞，如上所述，許多疾病的發生和加重，都與「肝火」有關。預防「肝火盛」發生，除了積極治療原發疾病外，還要適量做運動，最重要的是要保持心情舒暢，心胸豁達，待人以恕，凡事包容，常存喜樂的心，樂觀積極面對事情的發生。

《聖經》教導我們該如何面對怒氣的人：「回答柔和，使怒消退；言語暴戾，觸動怒氣。（箴言十五章一節）」就是這樣「以柔制剛、以愛包容」，「肝火盛」就會消滅於無形了。

肝火盛患者除了要忌食甘肥、辛辣等厚味食品及戒煙酒、濃茶、咖啡等刺激性食物之外，還要適當地多吃具有清肝瀉熱功效的食物，例如苦瓜、番茄、綠豆、綠豆芽、芹

菜、白菜、絲瓜、火龍果、菊花、桑葉、夏枯草、洛神花
等。

肝火盛食療

1 桑葉茶

性寒

材料：桑葉二至三錢

製法：桑葉沖洗，用沸水 250cc 沖泡

功效：疏風清熱、清肝驅斑、調節三高

備註：飯前飲用桑葉茶，可抑制血糖上升，預防糖尿病

2 洛神花茶

性寒

材料：洛神花一至二錢

製法：洛神花沸水沖洗後，用沸水 250cc 沖泡

功效：清涼消暑、平肝美容、預防三高

備註：胃酸過多者不宜。洛神花茶可加適量冰糖調味

3 菊花茶

性微寒

材料：菊花二錢

製法：菊花沸水沖洗後，用沸水 250cc 沖泡

功效：疏散風熱、清熱解毒、平肝明目

備註：另外亦可用滁菊、胎菊或崑崙雪菊沸水沖泡

濕熱

　　濕熱是指「濕」與「熱」同時存在的現象，當水濕滯留體內不除而化熱時，就會形成濕熱現象。

　　濕屬陰邪，重濁黏滯的特性，能阻滯氣機活動，障礙脾氣運化。有外濕和內濕兩種：**外濕**是指外界環境的水濕進入人體而言；**內濕**是由內臟機能障礙而引起的水液代謝異常，導致體內水濕停滯而言。

　　濕邪滯留體內，久而不去就會化熱，形成濕熱現象的體質，出現局部或全身水腫，或滲出性炎症。由於機體水液代謝障礙，組織水腫和炎症滲出物不容易被吸收，故使疾病纏繞難癒。

　　如果先天不足，或長期居住在潮濕的環境當中，甚或喜食肥甘厚味、辛辣燥熱食物，或者滋補不當，長期煙酒、熬夜等，均容易使體內濕熱蘊結不解，形成濕熱體質。

　　濕熱體質會反映在面部上，面部給人一種不潔、灰暗的感覺，面色發黃、發暗，皮膚油膩，毛孔粗大，容易生暗瘡、粉刺，質感粗糙，膚色不勻，有色斑，面部容易浮腫。牙齒沒有光澤、發黃，牙齦易深紅或暗紅色。經常感覺口苦、口乾、口臭、或者嘴裏有異味，易患口腔炎、牙齦腫

痛，舌紅苔黃膩。眼睛易疲勞、渾濁、滿佈血絲，眼屎較多。容易咽喉腫痛，鼻腔烘熱。汗色發黃，汗味大、體味大。性格急躁易怒。即使睡眠充足，也常出現身體沈重、容易困倦、嗜睡的現象。並常有肌肉痠重、關節疼痛的現象。時有腹瀉、便秘或大便黏滯，小便多，或有痔瘡。女性容易帶下色黃，外陰異味大，經常騷癢；男性易陰囊潮濕。

濕熱體質者易感染皮膚病（如：脂溢性皮炎、毛囊炎、腳癬、濕疹），泌尿生殖系統疾病（如：尿道炎、膀胱炎、陰道炎）及肝膽系統疾病（如肝炎、膽結石）。

肝膽脾胃等臟腑是濕熱容易聚集的地方，因此，濕熱體質者應注重臟腑的調理，以防止濕熱傾向加重。

濕熱體質者應以清熱利濕、疏肝利膽為養生原則，注意靜養心神，保持情緒穩定，豁達開朗。多飲清水、多食蔬果，使大小二便暢通。少吃甜食，不宜吃煎炸、燥熱、燻烤、肥膩、辛辣刺激的食物，更不可以煙酒。保持充足睡眠，避免長期熬夜或過度疲勞。經常做適當運動，舒展筋骨關節，以鍛練身體。不宜過分飲用涼茶，宜中病即止，以免傷陽氣。

濕熱體質者適宜食用綠豆、苦瓜、絲瓜、馬蹄、赤小豆、薏仁、西瓜、雪梨、綠茶、紫菜、海帶等。不宜服食銀耳、燕窩、蜂蜜、阿膠等滋補品。

1 薏仁赤小豆水

性平

材料：薏苡仁一両、赤小豆一両

製法：將所有材料洗淨，用三碗水煎存一碗

用法：溫服

功效：清熱健脾，利水消腫

主治：濕熱所致之水腫，症見水腫、小便不利、口乾身
　　　重、胃口欠佳

2 赤小豆冬瓜鯽魚湯

性微寒

材料：赤小豆二両、冬瓜一斤、
　　　鯽魚一條（約一斤）、生薑二片

製法：1. 赤小豆洗淨，冬瓜連皮洗淨切塊

　　　2. 鯽魚去鱗、腮、內臟，抹乾洗淨，薑煎後用八
　　　　 碗水煎存四碗

用法：溫服

功效：清熱健脾，利尿消腫

主治：濕熱所致之水腫，症見水腫、大便不利、神疲乏
　　　力、口乾身重、胃口欠佳

3 薏米粥

材料：薏米一両、白米三両

製法：將材料洗淨，加適量清水煮成粥

用法：溫服

功效：清熱利濕、健脾利水

主治：用於脾虛之泄瀉、水腫、腳氣，可作為防治胃
癌、腸癌、子宮頸癌的輔助食療用品

備註：孕婦忌服

眼睛疲勞

近年很多人因工作過勞、用神過度或經常長時間望着電腦工作，過度使用視力，令眼睛疲勞、視物不清、眼乾澀、眼球脹痛、前額繃緊，甚至出現頭痛眩暈。一些患有屈光不正（即近視、遠視或散光）或身體虛弱的人，更會出現飛蚊症。

預防眼睛疲勞，眼睛保健最重要，日常要注意飲食均衡，保持充足的睡眠和休息，注意眼部衛生，不可用手或公共毛巾擦眼。在閱讀時採取正確姿勢，桌椅高度適中，光線需要充足且均勻，切忌光線正射或從後方照射，以免產生暗影。

閱讀或工作時，書本與眼睛的距離最少要有三十厘米，切勿在行車中或於牀上閱讀。不要把閱讀的課本放在旁邊，並且應目不斜視，書本應與臉部平行。另外避免長期閱讀紙質及印刷粗劣的讀物，也應避免反光的紙質。閱讀超過三十分鐘後，宜遠望或閉目養神最少三十秒。適當的電腦工作距離，最少為五十厘米或以上。不可直接望向強烈的光線，長期在戶外工作者宜配戴太陽眼鏡，以避免接觸有害光線，如紅外線及紫外光等。

若發現視力欠佳，應及早作檢查，配戴適當的眼鏡，如

發覺眼部不適，應及早診治。

　　除此以外，經常做眼睛保健操，亦可保持視力及預防眼睛乾澀脹痛：

1.　頂按攢竹穴（即眉頭處）：以雙手合掌，大拇指分開，以左右大拇指頭頂按眉頭攢竹穴，食指貼額，頂按六十四次。

2.　擠按睛明穴（即內眼角處）：以單手大拇指與食指擠按內眼角處，先向下按，再向上擠，一按一擠、計為一次，擠按六十四次。

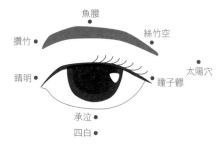

3.　揉按四白穴（平視、瞳孔直下一寸、眶下孔處）：以雙手食指放在四白穴，揉按六十四次。

4.　按太陽穴（眉梢與外眼角中間，向後約一寸凹陷中），輪刮眼眶（攢竹、魚腰、絲竹空、瞳子髎、承泣、睛明等穴）；雙手拳起四指，以左右大拇指羅紋面按住左右太陽穴，用左右食指第二節內側面輪刮眼眶上下一圈、先內側上而外側下，做六十四次。

堅持做眼睛保健操，每日早午晚各一次，亦可在眼睛疲勞時做，做完後遠望山海風景，最好是看綠蔭樹木片刻，效果會更佳。

預防眼睛疲勞，可多選擇富含維他命 A 的食物，如紅蘿蔔、魚肝油、動物肝臟等。

如屬肝熱（目赤腫痛、眼屎膠着），視物模糊者，可飲菊花茶，亦有幫助。

但肝虛（即體弱疲倦、肝血不足），視物模糊者，可用杞子三錢，瘦肉四両、三碗水煎存一碗飲。

眼睛疲勞食療

1 蟬花杞子蕤仁肉粟米紅蘿蔔湯

性平

材料：蟬花三錢、杞子三錢、蕤仁肉三錢、
　　　粟米粒二両、紅蘿蔔五両

製法：蟬花浸洗，杞子、蕤仁肉、粟米粒沖洗，紅蘿蔔
　　　去皮洗淨切細，將所有材料用四碗清水煎存一碗
　　　即成

功效：驅風鎮靜、養肝明目、滋養強壯

備註：1. 蟬花能滋補安神、驅風鎮靜、提高免疫

　　　2. 蕤仁肉能驅風清熱、養肝明目退翳

　　　3. 粟米有葉黃素和玉米黃素，紅蘿蔔有胡蘿蔔素，均有明目作用

鼻敏感

在乍暖還寒的氣候環境下，體質虛弱的人士最容易鼻敏感發作。鼻敏感分為**季節性**和**常年性**兩種，季節性發作的又稱為花粉症，多發作在春夏兩季；另一種是全年性都會發作，但並非每天都同樣嚴重，部分患者在天氣轉變或出入冷氣間發作會較頻密。

鼻敏感的發作與過敏體質、遺傳因素、內分泌失調等因素有關。由於鼻腔黏膜有特殊敏感反應，當外界各種致敏原，例如冷熱刺激、氣候變化、濕度不調、光線刺激、化學氣體、刺激性氣味、塵埃、花粉、動物毛髮或空氣中的霉菌等刺激鼻黏膜以致本病發生。

總之，引起本病發作的因素是多方面的，每個人每次發作原因也不一定相同。

鼻敏感的症狀變化較大，這與病者接受刺激物多少、時間長短、以及當時病者的反應狀況有關，病情每次也不盡一樣，可輕可重，時間有長有短。

鼻敏感的典型症狀有：突然發作的鼻癢、連續噴嚏、鼻塞、流涕質清量多及分泌物倒流，甚者出現兩眼發癢、流淚、畏光等。檢查時可見鼻黏膜潮濕、蒼白、水腫。患者通

常在早晚時間發作特別嚴重，如果在休息不足、壓力大的情況下，鼻敏感的症狀又會較嚴重。

中醫稱鼻敏感為鼻鼽，認為其根本原因與正氣不足有關，尤以肺脾腎虛損為主，故治療時需辨證用藥。

預防鼻敏感，應注意氣溫變化和寒溫濕度的調節，尤其頭部溫度與防護更為重要。避免接觸致敏原，並根據具體情況，可佩戴口罩，堅持做適量運動，以增強體質。經常用手做鼻部按摩，以促進局部血液循環，增強鼻部的抗病能力，亦可用熱水氣蒸鼻或用熱毛巾濕敷鼻部。注意鼻腔清潔衛生，可用溫開水或生理鹽水沖洗。保持心情舒暢。飲食宜清淡富營養，避免生冷、油膩、以及已知能致敏的食物，另外也可多吃蔬果以增加維生素 C 的攝取。

如果是肺脾腎虛損為主的鼻敏感，可採用天灸療法。天灸療法是中醫學的一種傳統保健療法，是在三伏天（即初伏、中伏、末伏），即夏天最熱的時候進行；及三九天（即初九、二九、三九），即在冬天最寒冷的時候進行。方法是將中藥敷貼在特定穴位上，通過藥物的刺激和吸收，疏通經絡，平衡陰陽及調理臟腑，從而達到預防疾病的目的。

天灸療法也可用於哮喘、慢性咳嗽、體虛易感冒者，其他如消化系統的虛寒性胃痛、慢性胃腸炎、腹瀉、消化不良；或婦科疾病的痛經、月經失調；小兒疾病的消化不良、

厭食、體虛易感冒、哮喘等均適合使用。

　　三伏天或三九天的一般療程為期三年，每次敷貼二至三小時，治療期間，飲食宜清淡，忌食生冷及容易引起過敏的食物，如牛肉、蝦蟹、鵝鴨、辛辣刺激、煎炸燥熱等食物。

鼻敏感食療

1 淮山辛夷花瘦肉湯

性平

材料：淮山三錢、辛夷花三錢、
　　　瘦肉四両、蜜棗二枚

製法：將以上材料用四碗水煎成一碗湯

服法：溫服，飲湯食淮山瘦肉，每星期飲二至三次

功效：健脾益腎、壯肺通竅

主治：鼻塞、噴嚏、流清鼻涕

備註：大便秘結者，則不宜飲服。淮山有補脾胃、益肺腎的作用。辛夷花有袪風寒通鼻竅的功效

淮山

哮喘

哮喘是支氣管哮喘的簡稱，是由於多種刺激使支氣管的反應性增高，支氣管平滑肌痙攣，黏膜水腫及分泌物增加，導致廣泛的氣道狹窄所引起的發作性症狀。

誘發哮喘的因素有花粉、香煙、塵埃、煙霧、霉菌、過濾性病毒感染、寵物毛或皮屑、蟎蟲、化學物品、食物如花生、天氣轉變、氣溫變化、劇烈運動、情緒激動等。

哮喘發作多在夜間，開始有胸悶窒息感，重壓感，繼而呼吸困難，呼氣長，吸氣短，出現呼氣性呼吸困難，氣急喘促，有哮鳴聲。病人不能平臥，為了減輕氣喘，被迫端坐呼吸，頭向前俯，兩肩聳起，兩手依撐膝上或桌上，呈張口呼吸之狀。嚴重時，患者面色灰暗，唇指紫紺，四肢厥冷，頭昏，前額有汗珠，情緒緊張。

幼兒患者，還可見到鼻翼煽動，精神煩躁，異常痛苦。

哮喘發作時，一般帶有咳嗽，咯痰呈泡沫樣，黏性大而難以咳出。哮喘停止前，常先咳出大量黏液性泡沫樣痰涎，隨即病人感到呼吸通暢，哮鳴音逐漸消失，氣急喘促亦隨之緩解。緩解後如常人，或稍感乏力，食慾不振等。

哮喘症狀的嚴重程度與持續時間的可變性很高，也難以

預計。若哮喘發作嚴重，如氣管痙攣持續不緩解，或痰液阻塞支氣管時，可引起嚴重缺氧，甚至產生二氧化碳瀦留以致呼吸功能衰竭，也可因心力衰竭或體力衰弱而死亡。如在發作期間能將痰液咯出，則氣急、哮鳴、紫紺等逐漸緩解而恢復。因此，若哮喘發作嚴重，應立即求醫。

現時有西藥防治哮喘，大致分為口服式或吸入式（噴霧劑）兩種。噴霧劑直接進入肺部，功效迅速。可請教醫生意見如何使用。

中醫治療哮喘，遵循辨證施治方法，採用「急則治其標，緩則治其本」的原則，根據患者是急性發作期還是緩解期，發作期以治標為主，緩解期以治本為主。發作期採用宣肺散寒、豁痰平喘法或宣肺清熱、除痰平喘法；緩解期予以健脾化痰、止咳平喘法或益氣固表、補腎納氣法。選擇中醫藥治療哮喘，要持之以恆，才可徹底治癒哮喘。

除內服中藥外，還可以於每年夏季之「三伏天」或冬季之「三九天」施行天灸，即穴位貼敷療法，用以提高機體免疫力，改善和降低機體過敏狀態，穩定疾病減少發作目的。

預防哮喘發作非常重要，所以要在哮喘緩解期間，應對虛損的身體進行調養。例如避免接觸容易引起敏感的物質，如灰塵、煙霧、異味、花粉、油漆等。保持家居清潔，避免塵埃飛揚。注意溫度變化，避受風寒。飲食均衡，忌食生冷、肥膩、煎炸、辛辣食物，戒煙酒。根據身體狀況，做適量運動，以增強體質。避免情緒波動，保持精神舒暢。

中暑

　　古語有云：「先夏至日為病溫，後夏至日為病暑。」故夏至之後，多感染暑病。

　　中暑是長時間在日光下暴曬，或高溫受熱引起的疾病。主要和氣溫有關，此外，濕度、風速、活動的劇烈程度、暴曬時間、體質強弱、營養狀況、水鹽供給和健康狀況也有一定的影響。

　　研究表明，高溫日數較多的月份，中暑的人數會較多，當一日氣溫平均高於攝氏三十一度時，中暑人數便明顯增多，當中尤以老年人為甚。

　　但其實中暑是可以預防，只要避免身體過熱就不會中暑，夏天在戶外活動時要戴帽或撐傘，穿淺色或白色衣服，避免在陽光下長時間暴曬；中午氣溫較高時，應盡量減少戶外活動，遇上高溫天氣時，更要加強室內通風降溫。此外，勤洗澡，多補充水分和鹽分，也是預防中暑的重要措施，適當地喝點冷飲也有解暑作用。

　　那麼，哪些食物能清熱解暑呢？細數起來確實不少，如青瓜、冬瓜、苦瓜、絲瓜，以及西瓜、菠蘿、楊梅、草莓等，這些瓜果蔬菜含有豐富的維他命、礦物質和纖維，對身體十分有益，不妨多吃一些。

清暑食療

1 冬瓜荷葉鴨肉湯

性平

材料：冬瓜（連皮）一斤、荷葉一塊、
　　　鴨半隻、陳皮四分之一片、生薑二片

製法：將鴨去皮、出水，把其他材料洗淨，以八碗水煎
　　　存四碗

功效：健脾胃、利濕解暑、生津止渴。冬瓜吃法以煲湯
　　　為多，其味甘、淡、性平，能解暑熱，止煩渴，
　　　利尿消腫，皮能治浮腫。荷葉味苦、澀、性平，
　　　能消暑利濕止渴。鴨肉味甘、性寒，有滋養健
　　　胃、消水腫、除勞熱骨蒸等作用

2 老黃瓜瘦肉湯

性微寒

材料：老黃瓜半斤、瘦肉半斤、生薑二片

製法：將材料洗淨，八碗水煎存四碗

功效：解暑清熱、利尿止渴。老黃瓜味甘、性涼，能清
　　　熱解暑利尿。瘦肉味甘、性平，能滋陰潤燥、益
　　　血、生津

3 冬瓜解暑糖水

性微寒

材料：赤小豆五錢、扁豆五錢、
　　　薏米五錢、萆薢五錢、荷葉半塊、
　　　冬瓜（連皮）一斤、片糖適量

製法：將材料洗淨，八碗水煎存四碗

功效：消暑解渴、祛疲勞。赤小豆味甘、酸、性平，能
　　　清熱利水，散血消腫。扁豆味甘、性微溫，能健
　　　脾化濕。薏米味甘、澀、性微寒，能利水滲濕、
　　　除痺、清肺排膿、健脾止瀉。萆薢味苦、性平，
　　　能利濕濁、祛風濕

貧血與血虛

臨牀發現，有些中醫説「血虛」的病人，雖有頭暈、心悸、失眠、乏力、面色蒼白的不適症狀，但抽血檢查後發現血紅素沒有下降；而有些西醫説「貧血」的病人，也不見得有頭暈、心悸、失眠、乏力的表現。究竟，貧血和血虛是如何區分？

貧血是一個症狀，並不是具體的疾病，而有多種疾病都可伴有貧血。臨牀上常見的有缺鐵性貧血（營養性和失血性）、再生障礙性貧血（骨髓造血功能障礙），其他如營養不良、潰瘍病出血、痔瘡出血、月經過多、瘧疾、鈎蟲感染等，因小量反覆出血而引起嚴重貧血。各類貧血都有共同的臨牀表現，其理化指標都是血紅蛋白減少，血液攜氧能力減低，全身組織和器官都有一系列的缺氧變化等。所以，病人一般以皮膚黏膜變白和面色無華，活動後氣促、心悸心慌、食慾不振、月經失調等症狀為主。

血紅蛋白是紅細胞的主要成分，正常人血紅蛋白的含量與紅細胞的數量密切相關，一般情況下，血液中紅細胞數量多，則血紅蛋白的含量也相應地高，反之亦然。

至於中醫所講的「血虛證」，是指一組症候群，表現有面色蒼白或萎黃、唇舌爪甲色淡無華、頭暈眼花、心悸怔

忡、疲倦乏力、手足發麻、健忘易驚、失眠多夢、脈細弱等症狀。

中醫認為血的運行要靠氣來推動，氣行則血行，氣滯則血瘀，而一切組織器官的功能活動，又要靠血液來滋養，故此，治療血虛證時，雖然一般用補血法，但根據以上理論，補血法又常與補氣法同用。

綜合以上所述，「貧血」的臨牀表現與「血虛」的症狀頗為類似，但並不完全等同。臨牀上發現，當貧血愈嚴重，即血紅素降至愈低（少於9度以下），則「貧血」與「血虛」兩者的關係會愈密切。當身體發生單純而嚴重的貧血時，機體會產生一些代償反應及變化，如心跳增強、心跳次數增加、血液黏稠度降低，心臟擴大或有雜音；因而表現出面色蒼白或萎黃、頭暈、眼花、心悸、失眠多夢、舌淡苔白、脈細無力等中醫所講的「血虛」症狀。

由此可見，西醫所説的「貧血」並不完全等於中醫的「血虛」，而中醫所述的「血虛」範圍較為廣大，治療「缺鐵性貧血」也在中醫學裏「血虛」的範圍內。

不論血虛或貧血，也必須注意均衡飲食，避免勞累，做適量運動，注意保暖，避免受寒，調節情緒等。

1 杞子南棗煲雞蛋

性微溫

材料：杞子五錢、南棗五枚、雞蛋一隻

製法：1. 杞子、南棗用清水洗淨，雞蛋洗淨外殼，將所有材料用清水三碗煎存二碗

2. 取出雞蛋先去殼，放入再煎至一碗湯即成

用法：溫服，吃蛋飲湯

功效：健脾益氣，補養肝腎

主治：氣血虛弱之心悸、眩暈、健忘、失眠、貧血，肝腎不足之視力減退

備註：外感實邪，腸胃濕滯或泄瀉者不宜

2 龍眼肉葡萄乾水

性溫

材料：龍眼肉五錢、葡萄乾五錢

製法：將材料洗淨，用三碗水煎存一碗

用法：溫服

功效：補益心脾，養血安神

主治：血少脾虛之貧血，症見心悸、失眠、健忘、胃口欠佳、紅細胞減少

備註：外感、內熱、濕困者不宜

3　紅棗水

材料：紅棗三十枚

製法：將紅棗洗淨，用清水一碗煎存一碗

用法：溫服

功效：補血健脾

主治：血少脾虛之貧血，症見頭暈、心悸、失眠、手足
　　　凍、紅細胞減少

備註：外感、內熱、濕困者不宜

紅棗

水腫

水腫是由於體內過多水液積聚，泛溢肌膚，引起頭面、眼瞼、四肢、腰背，甚至全身浮腫，嚴重者會有胸水、腹水。水腫可見於多種疾病，與心、腎、肝、內分泌系統的功能失調以及營養不良有關。

心臟性水腫主要是因為充血性心力衰竭引起，水腫特點是先見下肢，尤以踝部較為明顯，然後漸及全身，嚴重者可見胸腔、腹腔，心包積水，常伴有心臟增大，心臟雜音，肝腫大，紫紺等心衰徵象。

腎臟性水腫主要為腎炎引起，水腫特點是先見眼瞼，顏面浮腫，後及全身，急性者進展迅速，一開始即有全身水腫，常伴有高血壓、蛋白尿、血尿等腎病徵象；亦可引起胸水、腹水及心包積水。

肝臟性水腫多因肝功能減退引起，肝硬化水腫主要見於下肢，且有腹水，伴有肝功能損害。**營養不良性水腫**是全身性的，發生較慢，呈漸進性，多有營養缺乏的病史。

中醫將水腫分為兩大類，即陽水和陰水。凡因外感風寒濕熱所致者為陽水；體弱久病或陽水遷延，反覆不癒者為陰水。中醫認為肺主通調水道，脾主運化水濕，腎主溫化水

液，若肺、脾、腎的生理功能失調，都有可能發生水腫。

水腫患者應限制水分與鹽類的攝入，以免水腫加劇。飲食要清淡，易於消化。忌辛辣、肥膩、燻烤、生冷等食物，忌煙酒。加強精神護理，注意皮膚清潔，減少皮膚感染。水腫嚴重時要經常轉換體位，眼瞼及面部水腫時，可墊高枕頭；手足水腫，可用物理治療方法減輕，胸腔積液伴有呼吸困難，可採用半坐臥位。如見尿少或閉，噁心嘔吐、喘急、驚厥，此為病勢轉重，要立即求醫。水腫退時，可給予低鹽飲食。注意保暖，預防感冒。不宜過度勞累，宜做適量運動。

水腫發生時，可選擇具有利水消腫作用的食物，如：赤小豆、綠豆、黑豆、薏米、眉豆、玉米鬚、冬瓜、西瓜、鯽魚、生魚等。

水腫食療

1 三豆薏米水

性平

材料：赤小豆一両、黑豆一両、扁豆一両、薏米一両

製法：將所有材料洗淨，用清水五碗煎存二碗

用法：溫服

功效：健脾，利水消脹

主治：脾虛所致的水腫、腹水，症見神疲乏力、大便泄瀉、小便不利、面目浮脹等

2 赤小豆鯽魚湯

性平

材料：赤小豆一両半、鯽魚半斤

製法：赤小豆洗淨，鯽魚去鰓、鱗、內臟、洗淨抹乾、
　　　以薑先煎，及後用清水四碗煎存二碗

用法：溫服

功效：健脾利水消腫

主治：脾虛引致的水腫脹滿，小便不利，症見神疲乏
　　　力，大便泄瀉，胃口欠佳、顏面浮腫略黃

3 生魚冬瓜湯

性微寒

材料：生魚一條（約一斤）、冬瓜連皮一斤、
　　　蔥白、大蒜各少許

製法：1. 生魚去鱗、內臟，洗淨，薑煎

　　　2. 冬瓜連皮洗淨切塊

　　　3. 將生魚冬瓜用八碗水煎存四碗，加入洗淨的蔥
　　　　白大蒜，再煮片刻即成

用法：溫服，飲湯食渣

功效：補益脾胃，利水消腫

主治：脾虛水腫、腳氣、濕痹，症見神疲乏力、大便泄
　　　瀉、納差、面目浮腫略黃

消化不良

　　各種原因引起的消化功能障礙，稱為「消化不良」。如果因為胃炎、胃或十二指腸潰瘍、膽囊炎、胃擴張、胃下垂、慢性肝炎等引起的，屬於**器質性消化不良**；如果因為暴飲暴食、精神緊張、過度思慮等飲食、情志因素導致的，則屬於**功能性消化不良**。不論何種原因造成的消化不良，總與胃腸道動力不足、消化液分泌失調或腸內細菌失去平衡等有關。臨牀上會出現食慾不振、燒心感、腹脹、腹痛、口臭、噯氣、噁心嘔吐等症狀。

　　器質性消化不良，應針對原發病治療。至於功能性消化不良，主要是因為飲食失調引起，特別是暴飲暴食，因此調節飲食尤其重要，飲食時宜細嚼慢嚥，以營養豐富而易消化為原則，避免進食生冷、過硬、油炸、醃製或易脹氣的食物，切勿過飢過飽、進餐要定時定量、寒溫適宜、少吃零食。除此之外，還應注意生活要有規律，勞逸結合，早睡早起，保持心情舒暢，不要過度思慮、緊張，亦應經常做適量運動。

　　要避免消化不良，亦可選擇進食下列數種食品以幫助消化：蘋果，所含的纖維可刺激腸蠕動，有助通便；番茄，所含的茄紅素，有助於消化、利尿、協助消化脂肪；山楂能促進肉食消化，有解肉食積作用；酸奶含有的乳酸菌，有助分解乳糖；以及適量飲茶以助消化等。

1 穀芽麥芽鴨肫瘦肉湯

性平

材料：穀芽三錢、麥芽三錢、陳鴨肫一個、
　　　瘦肉四両

製法：1. 穀芽、麥芽用清水沖洗

　　　2. 陳鴨肫用清水浸軟切片，瘦肉洗淨切片出水

　　　3. 將所有材料用清水四碗煎存二碗即成

用法：溫服

功效：健脾開胃、消食和中

主治：胃口欠佳、飲食積滯、腸胃脹滯、消化不良

備註：痛風患者不宜

2 砂仁粥

性微溫

材料：砂仁二錢、白米三両、水適量

製法：砂仁研末，白米洗淨，先將白米煲粥，後加入砂
　　　仁末再稍煮即成

用法：溫服

功效：暖脾胃、通滯氣、開胃止嘔

主治：食積飽脹、胸膈滿悶、胃口欠佳、消化不良、嘔
　　　吐

3　**蘿蔔瘦肉粥**

性平

材料：白蘿蔔一斤、白米三兩、瘦肉六兩、
　　　水適量

製法：1. 白蘿蔔洗淨榨汁，白米洗淨

　　　2. 豬肉洗淨切片，用豉油、糖、豆粉醃製備用

　　　3. 將白米、白蘿蔔汁及水煲粥至七成熟，加入豬
　　　　肉再煎煮片刻即成

用法：溫服

功效：消食導滯、和胃寬中

主治：食積飽脹、胸膈滿悶、胃口欠佳、消化不良

備註：服人參後不宜服食此粥

白蘿蔔

腹瀉

腹瀉是消化系統疾病中的常見症狀，是指排便次數增多，糞便稀薄，甚至瀉出水樣便或帶有黏液等。引起腹瀉的原因眾多，有腸道功能紊亂（如精神緊張、情緒激動）、腸道感染（如腸炎、食物中毒、細菌性痢疾、阿米巴痢疾、腸結核）、腸道腫瘤（如結腸癌）、腸道放射損傷、內分泌疾患、吸收不良、過敏等。儘管原因很多，但主要是與腸道運動、吸收和分泌功能失調有關。當腸蠕動增強，腸內容物通過腸道的速度加快，水分不能被充分吸收時，便會引起腹瀉。

常見以腹瀉為主的病有急性腸炎，症狀以突然腹瀉起病，並有腹痛、腸鳴、放屁等現象。熱度不定，輕者體溫不升，只感覺腹部微狀；重者體發高熱，全身症狀沉重，腹痛連續或陣發如疝痛，或兼有嘔吐噁心等胃炎症象，食慾不振，舌黃或白膩厚苔，小便濃赤，大便泄瀉而有惡臭；若大便次數增多，則臭氣稍減，病之沉重者甚似霍亂，亦有引起小腿肌肉之痙攣。除一般症狀外，因病灶部位不同而有各種不同症狀出現。

中醫認為腹瀉致病原因，有感受外邪、飲食所傷、情志失調及臟腑虛弱等因素，但主要關鍵在於濕邪和脾胃功能障礙，故治療多以健脾利濕為主，並注意日常飲食調理。而急

性腸炎多以飲食所傷或感受外邪所致，治療以清熱滲濕理氣為主。

　　預防腹瀉，必須注意飲食衛生，進食前及大小便後都要用清水洗手，廚房所用的砧板要生、熟分開，防止生、熟食物的交叉污染。注意腹部保暖，避免着涼，保持心情開朗。不宜食用生冷、難消化、不潔的食物，切忌暴飲暴食。腹瀉發生時，應忌食油炸、肥膩、堅硬、滋潤或含多量纖維素的食物，並禁煙、酒、辛辣刺激性食物。飲食應以清淡稀軟、易消化吸收，少渣低脂為原則，有時飲稀粥水亦可緩解病情。至於泄瀉嚴重者，要暫時禁食，即時入院輸液補充營養及水分。

　　偶然發生腹瀉，首先要找出原因，不能一概使用止瀉藥。腹瀉有時是人體的保護性反應，將細菌毒素和其他有害物質排出體外，如果不理原因一律止瀉，可能會擾亂消化系統功能。由於腹瀉原因很多，不是所有都是細菌引起，如濫用抗生素，使腸道內的有益菌受到破壞，反而會加重腸功能紊亂，使腹瀉不止。

1 栗子粥

性微溫

材料：栗子十五枚、白米三両

製法：將材料洗淨共煮成粥

用法：溫服

功效：健脾養胃、補腎強筋

主治：脾腎陽虛之腰膝痠軟、泄瀉

備註：每次不宜多服，多食易滯氣，致胸腹脹滿，食慾不佳

2 扁豆粥

性平

材料：扁豆一両、白米三両

製法：共煮成粥

用法：溫服

功效：健脾養胃，清暑化濕

主治：脾胃虛弱引致泄瀉、食少嘔逆，或暑濕泄瀉

3 淮山芡實鯽魚湯

性平

材料：淮山五錢、芡實五錢、鯽魚一斤、陳皮四分一塊

製法：1. 淮山、芡實用清水浸洗

2. 鯽魚去鱗去內臟，並以薑煎

3. 將所有材料用八碗水煎存四碗，加鹽少許調味即成

用法：溫服，飲湯食渣

功效：健脾養胃，利濕實腸

主治：脾虛泄瀉、食慾不振、噁心嘔吐

便秘

在正常的情況下，食物經胃腸道消化、吸收，直至形成殘渣排出，需二十至四十小時。排便習慣因人而異，多數人每天排便一次，有的二至三天排便一次，有的一天排二至三次，排出的為成形便。便秘是指排便次數減少，經常在三至七天，甚至更長時間才大便一次，糞便在腸內滯留過久，水分過於吸收，以致糞便過於乾結，排出困難，長此下去，就會形成習慣性便秘，對身心帶來不良影響。

長期便秘，可能會出現舌苔增厚，食慾減退，腹脹腸鳴及口苦口臭等症狀。堅硬糞便的堆積，可使直腸靜脈血液的回流發生障礙而造成痔瘡。乾硬的糞便排出時，可能會擦傷黏膜，導致便血和肛裂。另外，糞便中所含的有毒物質不能及時排出體外，被人體吸收後對健康十分有害，可使人產生頭昏、頭痛、精神不振等症狀，甚至會增加腸癌的風險。

引起便秘的原因很多，如不良飲食習慣，多肉少菜，飲水不足；身體虛弱，多坐少動；腸炎和痢疾的恢復期；腸道內容物前進受阻；甲狀腺功能減退，慢性嗎啡中毒；精神緊張，生活無規律，某些藥物的副作用，以及濫用瀉藥等。

中醫認為便秘是由於腸胃燥熱、氣虛鬱滯、氣血兩虧或陰寒凝滯造成的。

　　預防便秘，最好養成按時大便的習慣，多飲水，在每日清晨空腹飲一杯水，亦有助腸胃運化。多吃富含纖維素的食物，如粗糧、蔬果等，亦宜多服潤腸之品，如蜂蜜、芝麻、核桃、豆奶、牛奶、南杏、無花果、羅漢果。另外，宜食產氣之品，以利排便，如蘿蔔、紅薯、馬鈴薯。忌飲酒、咖啡、濃茶、大蒜、辣椒等刺激性食品，並持之以恆地做適當運動，切忌長期服食瀉藥或用灌腸藥物。此外，更要常常保持心境愉快。

　　治療便秘要找出原因，對症用藥。如果只是經常排便次數較少，並沒有其他症狀，也沒有什麼器質性的毛病，只要在生活上改進一下就可以了。此外，亦可採用食療方以改善情況。

便秘食療

1 無花果甘筍南杏瘦肉湯

性平

材料：無花果六枚、甘筍半斤、南杏五錢、
　　　瘦肉半斤、生薑二片

製法：無花果洗淨切細粒，甘筍去皮洗淨切塊，南杏洗
　　　淨，瘦肉洗淨切片出水，生薑去皮洗淨切片，將
　　　所有材料以清水八碗煎存四碗

用法：溫服，飲湯食渣

功效：清熱健脾，潤肺潤腸

主治：腸燥便秘、痔瘡出血，肺熱聲嘶、咽喉腫痛

2 杏仁糊

性平

材料：南杏仁一両、白米七錢、白糖適量

製法：1. 白米洗淨，浸一小時，南杏洗淨

　　　2. 將南杏、白米放入攪拌器內，加水適量，磨成糊狀

　　　3. 磨好後煮沸，加適量白糖即成

用法：溫服

功效：潤肺補脾、潤腸通便

主治：肺燥乾咳、腸燥便秘

備註：大便泄瀉不宜服用

3 紅薯糖水

性平

材料：紅薯一斤、生薑三片、紅糖適量

製法：1. 紅薯洗淨去皮切塊，生薑去皮洗淨切片

　　　2. 紅薯加清水適量煮，待紅薯變軟熟後，入紅糖、生薑再煮片刻即成

用法：溫服

功效：補脾益胃，通利大便

主治：習慣性便秘、老人腸燥便秘、產後便秘

備註：又腹脹及大便泄瀉者不宜。紅薯是一種防癌低脂食物，可防治大腸癌，但生了黑斑病的紅薯是有毒的，不可食

4 鮮奶麥皮

性平

材料：鮮奶 250cc、燕麥四湯匙、白糖適量
製法：鮮奶煮沸加入燕麥再煮片刻即成，亦可加入白糖
用法：溫服
功效：補益脾腎，滋養潤腸
主治：體弱便秘、皮膚粗糙
備註：大便泄瀉不宜

肥胖症

肥胖症是由多種因素引起的慢性代謝性疾病，表現為體內脂肪堆積過多和（或）脂肪分佈異常，通常伴有體重增加。

根據世衛定義，男性腰圍超過九十厘米，或女性腰圍超過八十厘米，即屬中央肥胖。身體質量指數（BMI）亦為衡量肥胖的指標，以體重（公斤）除以身高（米）的平方，結果數值達二十五已為中度肥胖，超過三十更為嚴重肥胖。

肥胖症的原因包括熱量攝取過多、欠缺運動及體質問題，其他如基因缺陷、內分泌因素、藥物影響及精神因素也可能造成肥胖。根據病因，肥胖症可以分為**原發性肥胖症**和**繼發性肥胖症**。原發性肥胖症又稱為單純性肥胖症；繼發性肥胖症，是指由於其他健康問題所導致的肥胖。

肥胖為「百病之源」，因肥胖與多種嚴重疾病有關，包括代謝綜合症（糖尿病、高脂血症、痛風）、心腦血管疾病（高血壓、動脈硬化、冠心病、中風）、呼吸系統疾病（哮喘、睡眠窒息症）、骨關節炎（膝關節負擔大，易磨損發炎），而肥胖亦會造成脂肪肝等。

防治肥胖症要注意均衡飲食，避免高熱量（高油高糖）

食物，並增加進食高纖食物，多吃蔬果。並要持之以恆地做適量運動。現代醫學認為，若良好的飲食控制無法有效減重，則會考慮搭配抗肥胖藥物，來減低食慾和抑制脂肪吸收。如果飲食、運動，甚至搭配藥物都不見效，用來減少胃容積的胃內水球置放手術可能會有幫助，以手術來減少胃容積或腸道長度也能直接降低食量並減少營養素的吸收。

中醫學認為肥胖者多氣虛：因肥胖人多不喜歡運動，若稍微動，則出現氣短、汗出等症狀。此外，肥胖者傾向多濕、多痰濁、多血瘀。多濕是因為肥胖人大多脾虛，脾虛則運化失調，水濕停滯出現泛腫、乏力、腹脹、體力下降。至於多痰濁，是由於脾虛津液運化輸布停滯，鬱而化痰，此過程常與濕濁並存，故通稱為痰濁，症狀為痰多、舌胖、脈滑、胸悶、身重不爽、困倦、下肢浮腫等。多血瘀，肥胖人常見氣虛，因氣虛不足以推動血液而造成血液瘀滯，且肥胖人多痰濕，阻鬱氣機運行，也可以發生血瘀。

肥胖症臨牀表現多為本虛標實，本虛以氣虛為主，標實以痰濁為主，常兼水濕，亦兼有氣滯、血瘀。故治療肥胖症要辨證論治，恆心服藥，效果確實。

1 山楂茶

性微溫

材料：山楂二至三錢

製法：山楂沖洗，沸水 250cc 沖泡

功效：消食化積、活血化瘀、降脂降壓

備註：1. 胃酸過多不宜、孕婦不宜

2. 山楂亦可配菊花、杞子各二錢，沖洗後沸水沖泡，有降脂減肥降壓作用

3. 山楂亦可配決明子、荷葉、菊花各二錢，沖洗後沸水沖泡，有降脂減肥降壓作用

2 荷葉茶

性微寒

材料：荷葉三錢

製法：荷葉沖洗，沸水 250cc 沖泡，空腹飲可減肥

功效：清暑降壓、散瘀止血、消脂減肥

備註：1. 荷葉三錢可配山楂三錢，沖洗後沸水沖泡，有降脂減肥降壓作用

2. 荷葉三錢（沖洗）可配烏龍茶或綠茶葉一錢，沸水沖泡，有降脂減肥降壓作用

多汗

出汗是一種正常的生理現象，有調節體溫和排泄代謝廢物的作用，但是，有些人非因天氣過熱或衣著過多而出現多汗，就會定義為一種不正常現象，醫學上叫做多汗症。

多汗如局限於腋部、手掌、足跖等處的，多與遺傳因素有關，尤其在情緒比較激動時，汗珠如雨般的不停流淌，此種汗出多屬體質虛弱。

日間稍動即汗出，稱為自汗。若伴有少氣懶言，疲乏無力，怕風怕冷，容易患感冒，此屬脾肺氣虛的自汗。若伴有心悸、失眠、煩躁易怒，怕熱口渴、易食易飢、疲乏無力，大便頻繁，此屬心脾氣陰兩虛的自汗，多見於甲狀腺機能亢進症患者。

經常睡着汗出，醒後汗收，且自覺周身煩熱，疲倦不甚，這種出汗稱為盜汗，此類病者多患有某種慢性病，多屬陰虛現象。

若僅半邊身出汗，半邊身不出汗，此多見於氣血不足，經脈不通暢的中風偏癱患者。

另有一種情況，三歲之內的小孩睡着後經常在頭、頸、

背部有少量出汗，如果小孩胃口好，發育正常，肌肉結實，面色紅潤，活潑好動，這是精氣旺盛，生機勃勃的現象。但如果長期睡着後大量出汗，而且伴有精神疲乏、煩躁，胃口欠佳，肌肉不結實，這是脾虛肝盛之現象。

出汗過多，在飲食方面宜多選擇有補虛斂汗、益氣補血或滋陰降火的食材。如糯米、小麥、山藥、大棗、黑豆、烏梅、鯽魚、白木耳、百合等。汗出過多時宜多飲用淡鹽水以補充汗液所喪失的水和鹽。

多汗食療

1 麥麩糯米粉

性微溫

材料：麥麩、糯米（兩者同等分量即可）

製法：將材料同炒至糯米出現微黃色，研細末即成

用法：每日服三錢，用米湯送下或湯水送下

功效：有健脾益氣，固表止汗的作用

備註：麥麩性味甘平，有補益脾腎、潤腸止汗功效，可用於治療虛汗、盜汗、便秘、糖尿病、口腔炎、熱瘡、風濕病、腳氣、外傷。麥麩是小麥加工時脫下的麩皮，是一種高纖維食物，並含有豐富的維生素 B 族，硒、鎂等礦物質

糯米性味甘溫有補中益氣、健脾益胃、止虛汗止瀉功效，可用於治療消渴、小便多、自汗、大便泄瀉

2 浮小麥糯稻根大棗湯

性平

材料：浮小麥五錢、糯稻根五錢、大棗五枚

製法：1. 用清水沖洗浮小麥、糯稻根、大棗

2. 將所有材料用清水三碗煎煮，大火煲滾後改用小火，煎至一碗湯即成

用法：溫服

功效：養心益氣，除煩止汗

主治：氣弱易汗，心煩不安，潮熱汗出

備註：外感、實邪者不宜

---

3 泥鰍魚湯

性平

材料：泥鰍魚六両

製法：1. 將泥鰍魚放熱水中略浸去潺，去內臟，洗淨抹乾，用油煎至金黃色

2. 用清水三碗煎煮，大火煲滾後改用小火，煎至一碗湯，加鹽少許調味即成

用法：溫服，飲湯食魚

功效：補氣益陰

主治：脾虛易汗，小兒盜汗，濕熱黃疸

備註：感冒、咳嗽者不宜

---

4 大棗烏梅湯

材料：大棗十枚、烏梅五枚

製法：用清水沖洗大棗、烏梅後，將所有材料用清水四
碗煎煮，大火煲滾後改用小火，煎至二碗湯即成

用法：溫服

功效：益氣斂陰，止汗

主治：氣弱自汗

備註：外感、胃酸過多及實邪者忌服。大棗（黑棗）、南
棗、紅棗均有健脾益氣作用，其中，大棗、南棗
養血補中作用較好，紅棗性帶燥，補養力較薄。
大棗、南棗呈烏黑色，是紅棗經熏製加工而成。
南棗為江南出產，身形略長，因產量少故取價稍
高。其實，棗以肉厚、飽滿、核小、味甜為佳，
以個子大為上品

大棗

口瘡

不少人都有過生口瘡的經驗，舌頭潰瘍剛好，嘴唇或頰黏膜又長出新的口瘡來，痛苦自己知，有時更會反覆發作，多日不癒，這在醫學上稱之為復發性口腔潰瘍。其發病原因，一般認為與神經衰弱、消化不良、便秘、過度緊張、疲勞過度、病毒感染、營養缺乏、內分泌失調等有關，婦女則經常發生在月經前後。

中醫稱這病為「口瘡」，認為「心開竅於舌」、「脾開竅於口」，故此口腔潰瘍多與心脾有關，臨牀上可分為實證、虛證，實證屬心脾積熱，治以清心脾積熱為主，虛證屬陰虛火旺，治以滋陰清熱為主。

口瘡初起時，口腔某部位的黏膜感覺粗糙，充血灼痛，隨後出現小水泡，數小時後小水泡潰破，形成圓形或橢圓形淺潰瘍，潰瘍直徑二至四毫米，表面有黃白色假膜，周圍有紅暈、灼痛，每當説話或吃東西時疼痛難忍，通常可在七至十天內自癒，痊癒後不留疤痕，但有部分患者會反覆發作，此癒彼起，長期不癒。

患病期間，患者應忌食煙酒，及辛辣、薑、蔥等辛溫燥熱之物，以免助火上炎，同時亦忌食油炸、炙烤及堅硬食物，以防刺激潰瘍面，使病痛加劇，若潰瘍加重，將難於癒合。

口瘡患者宜多食清淡，易消化吸收和富含維生素的食物，如新鮮蔬果等，並要多食高質量蛋白質食物。但在烹調上應精製細作，以細嫩軟滑為原則，如乳類、燉蛋、肉鬆、碎肉等，因高蛋白可促使潰瘍修補。平日要多飲水，保持大便暢通，注意口腔清潔衛生，勤刷牙、多漱口。

　　當中又以青瓜味甘性涼，具有清熱利尿及解毒作用。青瓜青香多汁，含蛋白質及鉀鹽，鉀鹽能加速血液新陳代謝、排泄體內多餘鹽分的作用。青瓜所含的丙醇二酸，能抑制碳水化合物在人體內轉化為脂肪，因而有減肥的功效。青瓜還有降血糖作用。新鮮青瓜的纖維素能加速腸道排泄腐壞物質，又能降低血液中膽固醇的功效，因此，適用於肥胖病、高膽固醇和動脈硬化者。

　　青瓜頭含有葫蘆素，具有明顯的抗腫瘤作用。青瓜葉和藤部具有清熱利濕、滑腸鎮痛等作用。青瓜汁能調節血壓，亦可防治牙齦炎，還能預防脫髮和指甲劈裂。

青瓜

1 黃瓜霜

材料：老黃瓜一個、芒硝（中藥店有售）

製法：1. 將老黃瓜切去一小截備用

2. 將老黃瓜種子挖出，然後裝滿芒硝，把切開的一截蓋回，並用牙籤固定

3. 懸掛在陰涼通風處

4. 大約一星期後，黃瓜表面附着一層白霜，用乾淨毛筆將霜掃在小瓶內，用時將霜研成細末

用法：先將口腔潰瘍用鹽水或濃茶漱口，然後用棉花棒沾藥末撒在患處，每日三至五次

功效：清熱解毒、消腫止痛

主治：專治口腔疾病，對咽喉腫痛、口舌生瘡、牙齦腫痛均有良效

備註：老黃瓜是指自然老熟的青瓜，即嫩青色的叫青瓜，老熟後變成黃色，人們稱之為老黃瓜

暗瘡

暗瘡，醫學上稱為「痤瘡」，中醫稱為「粉刺」。粉刺是一種毛囊皮脂腺的炎症性皮膚病，常發生在面部，也可能發生在胸及背部。本病多發生在青少年時期，故又稱為「青春痘」。

發生暗瘡的其中一個原因是性荷爾蒙的變化，因此在發育時期，生長暗瘡的機會較多。另一個原因是皮膚分泌油脂太多，令毛孔閉塞，形成黑頭，若受細菌感染，則容易引起毛孔發炎，形成暗瘡。因此，面油特別多的人，患暗瘡的機會也會高些。

中醫認為暗瘡發生的原因，是由於肺經風熱、薰蒸肌膚；或過度食用辛辣食物，脾胃蘊濕積熱，外犯肌膚而成；亦可因沖任不調，肌膚疏泄失常所致。

長粉刺者若用手擠壓，往往有白色豆渣樣物質隨手排出，之後有可能引起細菌感染，炎症嚴重者可能會發生毛囊炎、膿腫或囊腫等，消退後有明顯疤痕形成，影響容顏。

至於暗瘡的日常護理，需注意保持皮膚清潔，用溫水和肥皂洗臉，減少皮脂，但這並不是鼓勵患者頻頻洗臉，亦不要使用油性化妝品，同時避免擠壓暗瘡，以防細菌擴散。在

飲食方面宜清淡，少吃脂肪、糖類和辛辣刺激的食物或飲品，如肥肉、糖果、辣椒、蔥蒜、煙酒等。多喝開水，多吃蔬菜，使腸道保持暢通，有便秘和胃腸道障礙的應及早治理。生活要有規律，作息定時，充足睡眠，適當運動。經常熬夜、夜生活頻繁或工作壓力大的人，皮膚抵抗力會逐漸下降，使面部容易出現暗瘡。

粉刺是青春發育時期一種常見生理現象。輕者可不必治療，嚴重者可進行適當的防治。

運用中醫的辨證論治方法治療暗瘡效果良好，但仍需進行適當的護理，才會達至理想的效果。

暗瘡洗面方

材料：鷹粟粉或綠豆粉

製法：將適量鷹粟粉或綠豆粉用水調糊狀

用法：洗面，一天洗二至三次

功效：消炎、解毒、去面油

暗瘡塗面方

材料：新鮮蘆薈

製法：將新鮮蘆薈搗爛取汁即成

用法：塗搽患處每日二至三次

功效：清熱解毒、止癢收澀

暗瘡食療

材料：薏苡仁一両，山楂三錢

製法：將所有材料以清水三碗煎存一碗飲

用法：溫服

功效：去濕驅脂

主治：面部油脂分泌過多

性平

蘆薈

濕疹

　　濕疹是常見的過敏性皮膚病，患者男女老幼均有，臨牀以劇烈瘙癢，多形性皮疹，有滲出傾向，對稱分佈，易反覆發作為特點。

　　其誘因可分內因和外因。內因如過敏體質或家族中有過敏病史（如過敏性鼻炎），體內慢性病灶（如扁桃體炎）、消化功能障礙（如長期飲食不佳）、精神神經因素（如長期精神緊張、過度疲勞、失眠、焦慮等），以及內分泌與代謝功能紊亂等。外因如化學藥品、化妝品、合成纖維、某些動物的毒素，魚、蝦、蟹、蛋等異性蛋白，以及花粉、塵蟎、日曬、潮濕等氣候環境之類。

　　濕疹的臨牀表現按其發病緩急可分為急性、亞急性和慢性三期。急性濕疹的皮膚呈多形性，初期為紅斑，繼而在紅斑上出現散狀或密集的丘疹或小水疱，搔抓或磨擦之後，疱破而形成糜爛，有滲出液。日久或治療之後，急性炎症減輕，皮損轉為乾燥、結痂、脫屑，繼而進入亞急性期。慢性濕疹是由急性、亞急性反覆發作不癒所演變而來，以經久不癒為特點，表現為皮膚逐漸增厚、皮紋加深、浸潤、色素沉着等，自覺劇烈瘙癢，尤以夜間或情緒緊張時更甚。

　　因此，濕疹的病因是內外因互相作用的結果，內因中體

質因素是關鍵，同時還受健康狀況及環境等條件的影響。中醫認為濕疹乃稟性過敏，風濕熱邪客於肌膚而成，或因脾胃虛弱，運化失調所致。急性者以濕熱為主，亞急性者多與脾虛不運，濕邪滯留有關，慢性者多因病久傷陰，血虛風燥，肌膚失養而成。

濕疹忌用熱水和肥皂等刺激物清洗患處，避免搔抓，忌食辛辣刺激性食物，如辣椒、大蒜、朱古力、咖啡、奶茶、蝦蟹及牛羊肉等發物，個別人士對某些食物特別過敏，應予注意。治療方面，急性者宜清熱利濕法，亞急性者宜健脾利濕法，慢性者宜養血潤膚，祛風止癢法。平常宜多吃新鮮蔬果，以補充維生素 C。另外多用有潤膚補濕成分之膏液洗澡或外塗以滋潤肌膚。忌口、辨證用中藥內服、外洗或用針灸治療，要堅持才有效。

濕疹食療

1 綠豆百合水

性寒

材料：綠豆一両、百合一両
製法：將所有材料煎水飲服
用法：溫服
功效：清熱解毒去濕

2 龜板土茯苓紅蘿蔔瘦肉湯

性微寒

材料：生龜板四両、土茯苓二両、紅蘿蔔一斤、
陳皮一錢、蜜棗三枚、瘦肉半斤

製法：1. 將生龜板搗細用水清洗，土茯苓用水清洗

2. 紅蘿蔔去皮洗淨切塊，瘦肉洗淨切塊出水

3. 陳皮、蜜棗清水沖洗，將所有材料用十碗水煎
存五碗

用法：分兩天飲，溫服

功效：滋陰清熱，解毒利濕

主治：治濕疹日久，反覆發作，皮膚粗糙，瘙癢難忍

備註：隔日煲一次，連用十天，效果良好

3 鮮馬齒莧粥

性平

材料：鮮馬齒莧六両、白米適量

製法：鮮馬齒莧洗淨切碎，白米沖洗，將以上材料煲成
粥即成

用法：溫服

功效：清熱解毒、利濕健脾

主治：適用於急性、亞急性濕疹

黃褐斑

面部皮膚光潔細嫩，是所有女性夢寐以求的。如果出現色素沉着則有礙美容，最常見的莫過於黃褐斑。

黃褐斑是指面部出現面積大小不等的黃褐或淡黑色斑片，撫之不礙手的一種色素增生性皮膚病。此斑因分布在鼻及鼻兩側，形似蝴蝶，故俗稱「蝴蝶斑」。因面色灰暗如蒙上灰塵，故又稱「面塵」；如發生在妊娠期間，就又稱「妊娠斑」；若因肝病而引起的，又稱為「肝斑」，在古書之中，稱之為「黧黑斑」。

現代醫學認為本病與內分泌失調有關，如口服避孕藥、妊娠期、更年期內分泌改變等。一些生殖系統疾病，如月經不調、痛經、宮腔慢性炎。以及某些慢性消耗性疾病，如肝病、結核病、內臟腫瘤等，均可引起黃褐斑。除此之外，某些劣質化妝品或經常日曬等，亦可引起本病發生。其他如過度疲勞，休息不足，精神負擔過重時，以及憂鬱、精神創傷等，都可引起色素加深。上述情況改善後，色素就會減輕。本病多發生於婦女，尤多見於青中年，男性亦可見。

中醫治療本病效果顯著，認為發病與腎精虧虛、思慮傷脾，肝氣鬱結，血瘀凝滯等有關，治療時多從肝、脾、腎三臟及血瘀四方面進行辨證治療。除內服藥物外，平日注意

多食富含維生素 C、E 的食物，如大豆芽菜、綠豆芽菜、豌豆、雪耳、核桃仁、黑芝麻、豆漿、鮮奶、番茄、柑桔、檸檬、柿子、紅蘿蔔、南瓜等均有助去黃褐斑。

治療黃褐斑，除內服外治，還要保持心情舒暢、不急不躁、心胸豁達，避免過度勞累，養成早睡早起的習慣，適當運動，節制性生活。飲食適宜，避免油膩、煎炸燥熱、辛辣刺激及不易消化食物，多食新鮮蔬果，保持大便通暢。不宜煙酒、飲用咖啡或奶茶。避免強烈日光照射，使用防曬用品，停用劣質化妝品。出現面部皮炎時應及時治療，避免引起炎症性色素沉着。積極治療慢性病，要注意排除內在誘發因素。

黃褐斑敷面方

材料：銀杏（去殼去皮）一杯半、
　　　南杏（去衣）一杯半、鮮奶一杯半、蜂蜜半杯
　　　（以上均以容量比例計算）

製法：將所有材料放在攪拌器內研製成糊狀備用

用法：塗搽面部，一小時後用清水洗去

功效：營養肌膚，美白去斑

1 青木瓜黃耳雪梨南北杏紅扁豆湯　性平

材料：青木瓜一斤、黃耳三錢、雪梨二個、
　　　南杏一両、北杏二錢、紅扁豆一両、蜜棗二枚

製法：1. 青木瓜去皮去核洗淨切塊，黃耳浸發洗淨，剪
　　　　去菌柄較硬部分

　　　2. 雪梨洗淨去核切細，南杏、北杏、紅扁豆、蜜
　　　　棗沖洗

　　　3. 將所有材料用八碗清水煎存四碗即成

功效：潤肺健脾、美容養顏、抗老潤腸

備註：雪梨亦可改用蘋果

2 紅菜頭薯仔洋蔥番茄西芹紅棗鮮腐竹湯　性平

材料：紅菜頭一斤、薯仔半斤、洋蔥半斤、
　　　番茄半斤、西芹半斤、紅棗六枚、腐竹二塊、
　　　生薑三片

製法：紅菜頭、薯仔、洋蔥、生薑均去皮洗淨切細，番
　　　茄、西芹洗淨切細，紅棗沖洗，將所有材料用八
　　　碗清水煎存四碗即成

功效：健脾補血、營養強身、養顏抗老

備註：素湯中可加入鮮腐竹以增加蛋白質營養

延緩衰老

　　現存最早的中醫經典醫籍之一的《黃帝內經》，已經有一套完善的養生法則，認為通過養精神、調飲食、練形體、慎房事、適寒溫等方法，以達到體健延年益壽的目的。

　　生、長、壯、老、死，是人生的自然現象。隨着年齡的增長，人便會衰老。有謂「有諸內者，必形諸外。」從外貌和精神的變化，可看到衰老表現，如皮膚皺紋增多、肌膚鬆弛、頭髮細軟脫落或粗硬變白、聽力下降、視力減退、牙齒脫落、骨質疏鬆、愈老愈矮、爪甲變脆出現縱脊紋、忍尿困難、便秘、精神萎靡等。根據中醫的理論，老化速度的快與慢、衰老出現的早與遲、壽命的長與短，均取決於腎氣的強弱，也與肝心脾肺等臟的衰變有關。

　　預防老化早現，就要從多方面養生：如堅持適量運動，預防外感時邪，並運用飲食調養身體，做到營養均衡，飲食有節，不過飢過飽，不偏食，三餐合理編配，避免煙、酒、高熱量、高脂肪、過鹹、過甜、濃味及刺激性食物，注意控制體重，避免勞累及高度緊張，生活要有規律，作息要定時，並要保持心情開朗。

　　適當的飲食調養，有延緩衰老的功效。根據現代科學研究，軟骨素、膠原蛋白、透明質酸等能美容潤膚去皺、滋潤

關節；核酸能促進新陳代謝、消除黑斑、潤澤肌膚；鹼性食物能使血液呈弱鹼性，延緩機體衰老；維生素 A、C、E 是抗氧化劑，均可防皺去斑，避免早衰；礦物質中的鐵質能使皮膚光澤紅潤，硒是很強的抗氧化劑，能增強免疫力，鋅是人體內多種酶的重要成分之一，對皮膚健美有獨特的功效；植物性化合物是來源於植物，如胡蘿蔔素來源於紅蘿蔔、茄紅素來源於番茄等，均是抗氧化劑，具有抗衰老抗癌作用；以及適量飲水可防止皮膚乾燥、出現皺紋及失去彈性等等。其實，只要飲食均衡，就可吸收以上的所需營養。

選擇食物養生時最好根據中醫的理論，因應不同體質選擇不同性能的食物，例如熱性體質表現有身熱、面紅、口乾、小便黃、便秘、舌紅、苔黃、脈數等症狀，可選用清補食物，包括薏苡仁、蘑菇、百合等；寒性體質表現有面白、發冷、口淡、小便清、大便泄瀉、舌淡、苔白、脈遲等症狀，可選用溫補食物，如龍眼肉、紅棗、核桃仁等。至於平性食物，如蓮子、冬菇、芝麻，則任何體質也適用。

延緩衰老食療

1 靈芝紅棗水

性溫

材料：赤靈芝三錢、紅棗六枚

製法：清洗材料後，用清水三碗煎存一碗即成

功效：健脾補肝、養血安神、益智養顏

備註：1. 上方可加入龍眼肉三錢，安眠效果會更好

2. 單用紅棗六枚去核焗水飲，有健脾補血作用

3. 可用紅棗五枚、黑木耳三錢、生薑三片，煎水飲，有降血脂、通血管作用

2 杞子菊花水

性平

材料：杞子三錢、菊花三錢

製法：清洗材料後，用清水二碗煎存一碗即成

功效：補腎益精、養肝明目、調節三高

備註：1. 杞子含有花青素，黑杞子含量更高

2. 杞子可改用黑杞子（需用五十度熱水泡服）

3. 菊花可改用胎菊或崑崙雪菊

4. 杞子三錢、紅棗五枚、圓肉五枚，煎或焗水飲，有明目安神作用

5. 杞子三錢、花旗參二錢，煎或焗水飲，有益氣明目作用

6. 杞子三錢、北芪三錢，煎或焗水飲，有補氣明目作用

3 桑寄生黑豆雲耳糖水

性平

材料：桑寄生一兩、黑豆一兩、雲耳一錢、
　　　紅糖適量

製法：1. 桑寄生沖洗後用布包，黑豆洗淨，雲耳浸發洗淨

　　　2. 將桑寄生、黑豆、雲耳用清水五碗煎存三碗

　　　3. 去掉桑寄生，加入紅糖煮溶後即成

功效：補養肝腎、潤肌去斑、強壯筋骨

備註：桑寄生亦可與蓮子、杞子、紅棗煲糖水，有壯骨
　　　明目安神作用

脫髮

在正常情況下，每天人都會有頭髮脫落，又有頭髮生長出來，這是新陳代謝的作用。脫髮是指在短期內脫髮量遠遠大於生髮量，造成頭髮明顯減少的一種症狀。

脫髮原因很多，可能與壓力緊張、情緒不穩、用腦過度、荷爾蒙失調、腸胃問題、霉菌感染、貧血、營養不良、大病、產後或藥物副作用等引起有關。

常見的脫髮類型有**脂溢性脫髮**，這是由於皮脂分泌過多，表現有頭皮油膩發光、頭皮屑很多、搔癢顯著，脫髮逐漸從兩側額角或頭頂開始，呈對稱性，逐漸擴大，以致頭髮日益稀少。

斑禿，俗稱鬼剃頭，頭髮呈突然成片脫落，局部皮膚光亮，無自覺症狀，多見於青壯年，多因精神過度緊張，致使臟腑功能失調，氣血運行障礙，髮無所養而致。

妊娠分娩後脫髮，主因生產時出血過多或產後營養不良，引起氣血兩虛。

另一種是**老年性脫髮**，屬於正常的生理現象，主因年老腎氣虛衰，髮無所養而引起。

預防脫髮，要保持心情舒暢，避免精神緊張，注意勞逸結合，防止用腦過度，調整腸胃功能，使消化和吸收功能良好，防止營養缺乏，戒煙酒，不宜過多使用電風筒，同時要選擇適合自己髮質的洗髮水。

另外亦可經常按摩頭皮和梳頭，此舉可以改善頭皮血液循環，增加頭髮根部的血流量，促進頭髮的生長，防止脫髮。

中醫認為，脫髮多因肝腎陰虛，氣血不足，瘀血阻絡或脾胃濕熱等引起，故此使用藥物治療時，應辨證施治，才藥到病除。

脫髮外用方

1 桑白皮洗髮方

材料：桑白皮二両

製法：將材料煎適量水

用法：洗髮

功效：防止脫髮

主治：脫髮剛開始或未脫髮前預防

2 扁柏酊

材料：新鮮扁柏

製法：將新鮮扁柏浸在 75% 酒精中，每天晃動數下，浸泡七天過濾

用法：取藥液塗擦毛髮脫落部位，每日三次

功效：生髮黑髮

主治：體弱脫髮，老年性脫髮

3 生薑擦頭

材料：生薑

用法：取生薑片擦揉脫髮處，令頭皮發熱發紅，每日二至三次

功效：生髮，刺激局部皮膚，改善局部血液循環

主治：斑禿

4 白礬外洗方

材料：白礬一両

製法：用 1.5 公升水煎溶

用法：洗頭

功效：燥濕止癢

主治：脂溢性脫髮

1 黑豆南棗水

性微溫

材料：黑豆一両、南棗五枚

製法：將材料洗淨，用三碗水煎存一碗

用法：溫服

功效：健脾，補腎，滋補強壯

主治：脾腎不足所致之頭昏目暗、脫髮、食少乏力

2 烏髮粉

性微溫

材料：黑芝麻、黃豆、花生、核桃各等份

製法：將材料分別炒熟，研成細粉

用法：每日睡前用牛奶、豆漿或開水沖服一湯匙

功效：補腎健脾，養血生髮，補腦

主治：脾腎虛損所致之脫髮、白髮、健忘、老人癡呆及血虛面色萎黃

備註：大便泄瀉或腸胃脹滯者不宜

3 黑芝麻糊

性平

材料：黑芝麻一両、白米七錢、白糖適量

製法：1. 黑芝麻洗淨曬乾，炒至微有香氣

　　　2. 白米洗淨，浸一小時

　　　3. 將黑芝麻、白米放入攪拌器內，加水適量磨成
　　　　糊狀，磨好後煮沸，加適量白糖即成

用法：溫服

功效：補益肝腎，生髮潤腸

主治：肝腎不足之鬚髮早白、脫髮，大便燥結，眼目乾
　　　澀，視物不清

備註：大便泄瀉者不宜

小兒遺尿

有些小孩子經常有夜間尿牀問題，令家長非常煩惱，其實孩子們也很痛苦，他們何嘗不希望自己的遺尿症早日痊癒呢！

切勿忽視小童撒夜尿，這種稱為「原發性夜間遺尿」，其中一個原因與環境轉變和精神心理因素有關。

研究發現，三歲以內的小兒，因為中樞神經系統發育不成熟，不能控制排尿的動作，這種遺尿是一種正常生理現象。

一般來說，三歲以後的小兒，當膀胱內有一定小便量時，其大腦排尿中樞能控制「尿意」，抑制反射性排尿，同時又能在希望小便時就排尿。所以，絕大多數的小孩在三歲以後便有控制排尿的能力。如果三歲以後的小童經常不能在夜間控制自己的小便，這就是遺尿症，俗稱尿牀。

導致遺尿的原因有多種，一部分是由泌尿系統疾病引起，如膀胱炎、龜頭炎等。蟯蟲晚間爬到肛門產卵，引起局部發癢刺激，也可能引起遺尿。只要治好這些疾病，遺尿就會痊癒。

又如控制小便系統成熟較慢，膀胱容積較少，控制尿激素分泌節奏紊亂導致夜間排出大量尿液，或因遺傳因素等，均可引起遺尿現象。

但有許多小兒遺尿，常常找不到明確的原因，有時可能由於父母不注意訓練幼兒小便的習慣，任其自然發展；又或是小兒情緒不穩定，尤以失去父母的關顧，或轉換新環境、生活起居失常、過分熟睡、長期疲勞、精神創傷、缺乏教養，又或晚飯後臨睡前飲用大量液體等，亦容易產生遺尿。

這些患有遺尿症的小孩也容易產生自卑感，注意力分散，心理壓力大，儘管在多數情況下，遺尿可在數年內自行好轉直至痊癒，但及時治療仍是有必要。其實，治療遺尿症，父母或家長的參與最為重要。

當孩子尿牀時，切忌打罵責備，不要到處宣揚，以免傷害孩子的自尊心，在不尿牀時，應及時予以讚揚。

家長亦可以掌握小兒的遺尿時間，在尿牀前半小時叫醒小兒，讓其充分清醒地去廁所小便，久而久之可養成每晚自行到廁所排尿的習慣。

此外，還要養成良好的生活規律，晚間控制飲水量；最好堅持每天午睡，使其夜間較容易叫醒；白天不宜太興奮或太疲勞，同時，要養成睡前小便的習慣。

有些小孩由於控制膀胱的神經發育遲緩，短期內難於糾正遺尿，這些孩子如果受到適當的膀胱功能訓練，可收到事半功倍的效果。

　　中醫治療小兒遺尿仍須辨證，嚴重者可請教醫師治理。臨牀的常見原因多為腎氣不固，不能固攝尿液所致。如症見睡中遺尿，面白神疲，食慾不振等。

小兒遺尿食療

1 狗棍魚煲粥

性平

材料：狗棍魚半斤、白米二両

製法：狗棍魚去鱗、鰓、內臟、頭，洗淨，布包，白米洗淨，共煮成粥

用法：溫服

功效：補脾益氣，健腎縮尿

主治：遺尿、尿頻

備註：小心骨哽

2 瑤柱瘦肉湯

性平

材料：瑤柱二両、瘦肉半斤

製法：1. 瑤柱洗淨，浸軟拆絲，留浸瑤柱水

2. 瘦肉洗淨切片出水，用六碗水煎存三碗，加鹽少許調味即成

用法：溫服，飲湯食渣

功效：滋陰補腎

主治：腎陰虛型之尿頻，症見尿頻、夜尿、心煩口渴、神經衰弱、失眠、多夢

3 蓮子芡實瘦肉湯

性平

材料：蓮子一両、芡實一両、瘦肉半斤

製法：蓮子、芡實洗淨，瘦肉洗淨切片出水，用八碗水煎存四碗，加鹽少許調味即成

用法：溫服，飲湯食渣

功效：健脾補腎，安神縮尿

主治：脾虛腎弱型之尿頻，症見尿頻、夜尿、夜睡不寧、遺精、大便泄瀉等

備註：大便秘結不宜

脂肪肝

很多人在身體檢查時才發現有脂肪肝，這是因為大部分初期脂肪肝患者都沒有自覺症狀，當發展到中重度脂肪肝時，就會出現腹脹、容易倦怠、食慾不振，右上腹不適，低熱，白細胞增多，轉氨酶升高等症狀。重度脂肪肝如果繼續發展下去，就會發生肝細胞變性壞死，纖維組織增生，形成肝硬化。

肝臟是脂類代謝的重要場所，脂類的消化、吸收、分解、合成、運輸等都在其中。如果這些代謝過程受到障礙，肝臟脂類的含量就會發生變動，脂肪肝患者血中甘油三酯往往會明顯升高，但初期大多沒有症狀。

脂肪肝的發病原因主要為長期高脂飲食或長期大量攝入糖、澱粉等碳水化合物，長期大量飲酒，肥胖、糖尿病、長期使用糖皮質激素、缺乏蛋白質營養、藥物或毒物損傷肝臟等。根據上述原因就可知道，飲食調理在治療中起着重要的作用。

飲食的調理應以高蛋白質、高維生素、低糖、低脂肪及高纖維素的食物為主，控制碳水化合物的總熱量和脂肪的攝入，多吃蔬果，不吃甜食，不吃或盡量少吃動物內臟、蛋黃、蟹子等，少吃零食，睡前不要加餐，戒煙酒，避免刺激

食物，如辣椒、咖哩等，飲食不宜過鹹，宜清淡並有節制及定時進食。

除了注意飲食習慣外，亦要加強運動，以增加脂肪消耗，這是減少體內脂肪堆積的最有效方法，同時注意生活要有規律，作息定時，心情開朗，因為肝氣的舒暢有助肝功能的恢復。

平日可多吃有降血脂作用的食品，如乳酪、洋蔥、大蒜、生薑、香菇、木耳、山楂、綠豆、菊花、茶葉、蘑菇、芹菜、番茄、葵花子、海帶、淡菜、荷葉等。

降血脂食療

1 冬菇水

性平

材料：乾冬菇二兩、約十個（直徑三至四厘米）

製法：1. 將乾冬菇洗淨，用清水三碗浸泡一夜

　　　2. 翌日早上用已浸泡的冬菇及冬菇水煎煮

　　　3. 大火煲滾後改用小火，煎煮二十分鐘即成

用法：早上空腹飲冬菇水，連續飲用才顯效果

功效：健脾益氣，降血脂

主治：適用於高血脂症、佝僂病及腫瘤病人等

備註：痘疹已透及痛風病者不宜

2 雙耳湯

性平

材料：黑木耳一錢、白木耳一錢、冰糖適量

製法：將黑木耳、白木耳用清水浸軟洗淨。將所有材料用清水一碗，蒸一小時即成

用法：睡前溫服，吃木耳，喝湯

功效：潤肺滋補，輕身強志

主治：適用於高血壓、血管硬化、血脂過高、冠心病等

備註：濕痰、積滯、便泄者忌服

3 山楂菊花水

性平

材料：山楂三錢、菊花三錢

製法：先用清水沖洗材料，用二碗半水煎山楂至一碗半，後加入菊花再煎至一碗即成，可加入少量白糖調味

功效：平肝降壓、消食散瘀，降脂

主治：肝盛頭痛、血壓高、膽固醇高、血脂高、脂肪肝、飲食積滯而致的肥胖症

備註：脾胃虛弱，胃酸過多及血壓低者不宜食用

菊花

膽固醇高

　　現代人常在偶然的體檢中發現膽固醇高，患者也有逐年增加的趨勢，如何有效地預防和治療膽固醇高，是人們愈來愈重視的問題。

　　根據現行的檢查數據，血液總膽固醇的指數最好低於 5.2mmol/L，另外低密度膽固醇（LDL）最好低於 3.4mmol/L，高密度膽固醇（HDL）最好高於 1mmol/L，三酸甘油最好低於 1.7mmol/L。若任何一項不能達到理想水平，就有機會罹患心血管疾病。

　　血液中的膽固醇大部分由肝臟產生，只有約百分之二至三的膽固醇來自日常飲食，如肉類、魚類、家禽、貝殼類、蛋黃和奶類產品。單靠飲食和運動只能令膽固醇減少百分之五至七，對高危者並不足夠，但控制飲食中的膽固醇攝取仍然十分重要。

　　低密度脂蛋白能加速動脈硬化的速度，故 LDL 俗稱為壞膽固醇；高密度脂蛋白有抵禦動脈硬化粥樣斑塊的形成，具有保護作用，並可以減少脂肪沉積在血管壁上，因而降低引發心臟病的機會，故 HDL 俗稱為好膽固醇。

　　預防膽固醇高，要養成良好的飲食習慣，適當的節制膽

固醇、脂肪，尤其飽和脂肪和糖分的食物，注重其他有利營養素的攝取。

在均衡飲食中要多選擇富含抗氧化食物及植物固醇，如蔬果、黃豆及其製成品、綠茶、全麥五穀類，減少精製食品。每天吸收膽固醇宜少於 200 毫克。選吃瘦肉類，包括魚、瘦肉、去皮家禽，一般每天不宜超過五至六兩。少吃飽和脂肪，以免刺激身體產生更多的膽固醇。若甘油三酸脂過高，就要減少進食糖和甜食、甜飲料及酒類。

烹調方面，最好用蒸、煮、炆、灼方法，宜用植物油，並以少油少鹽少糖為主。除了注意飲食習慣，還要有適量運動，生活起居正常，保持心情開朗。

降膽固醇食物包括：燕麥、黃豆、納豆、鷹嘴豆、核桃、綠豆芽、綠茶、冬菇、木耳、牛油果、葡萄柚、深海魚、海帶、牛蒡、山楂、蘋果、番茄、火龍果、紅麴。

降膽固醇食療

1 黑苦蕎麥茶

性微寒

材料：黑苦蕎麥一湯匙
製法：以沸水沖泡 2-3 次作茶
用法：溫服，吃黑苦蕎麥

2 山楂決明子茶

性平

材料：山楂二錢、決明子二錢

製法：以沸水沖泡 2-3 次作茶

用法：溫服

3 杜仲葉茶

性溫

材料：杜仲葉二錢

製法：以沸水沖泡 2-3 次作茶

用法：溫服

4 三七花茶

性微寒

材料：三七花 3-5 朵

製法：以沸水沖泡 2-3 次作茶

用法：溫服

5 桑葉茶

性寒

材料：桑葉二錢

製法：以沸水沖泡 2-3 次作茶

用法：溫服

高血壓病

高血壓早期會有精神緊張，每當勞累後會出現輕度而暫時性的血壓升高，去除原因或休息後便可恢復。有的患者可有頭痛、頭脹、耳鳴、眼花、心悸、失眠等症狀，這些症狀，一般人都容易忽略。因此，高血壓病有必須及早預防和診治。

血壓就是心臟收縮時將血液泵入血管時對血管壁所產生的壓力。當心臟收縮時的壓力就叫做收縮期血壓（或稱上壓）；當心臟舒張時的壓力就叫做舒張期血壓（或稱下壓）。一般成人的收縮期血壓平均為一百至一百四十度，舒張期血壓平均為六十至九十度。不過，正常血壓並不固定，休息時血壓降低，情緒激動或吸煙又會令血壓上升，而隨着年齡增長，血壓亦會同時遞升。

高血壓是因為體內動脈血管血壓增高，分為繼發和原發兩種。

繼發性高血壓又稱症狀性高血壓，其血壓增高是繼發於某些疾病，如腎臟病、內分泌病、動脈病變、妊娠中毒症等。

原發性高血壓指是以血壓升高為主要表現的一種獨立疾

病，即高血壓病。據統計顯示，有九成病者是屬於原發性高血壓，一成患者是屬於繼發性高血壓。

高血壓起病潛隱，病程進展緩慢，四十至五十歲以上者較為常見。早期可有頭痛、頭暈、頭脹、耳鳴、眼花、健忘、注意力不集中、失眠、煩悶、乏力、心慌等症狀。隨着病情發展，血壓明顯而持續地升高，就可能出現腦、心、腎等器官的損害或功能障礙，如腦血管爆裂、心臟衰弱、腎功能不正常等。

高血壓病的病因還不完全明白，長期精神緊張、缺少體力活動、有高血壓家族史、體重超重、飲食中食鹽含量多、大量吸煙者，患病率普遍會偏高。

高血壓病屬於中醫的「眩暈」、「肝陽」、「肝火」等範圍。其發病原因主要是機體陰陽平衡失調，加之精神緊張、憂思鬱怒，或過於嗜醇酒厚味，而出現肝火上炎、陰虛陽亢、肝腎陰虛或陰陽兩虛等證型。

預防高血壓要：注意飲食要清淡、盡量少吃或不吃高脂肪、高膽固醇、辣味和刺激性食物、以及避免吃太鹹食物。控制體重，避免過於肥胖。生活要有規律，戒煙酒。持之以恆地做適當運動，避免情緒緊張。

高血壓病食療

1 三七花茶

性涼

材料：三七花三至五朵

製法：沸水 250cc 沖泡

功效：活血通脈、養生抗老、降脂降壓

備註：孕婦不宜

2 山楂茶

性微溫

材料：山楂二至三錢

製法：山楂沖洗，沸水 250cc 沖泡

功效：消食化積、活血化瘀、降脂降壓

3 杜仲葉茶

性溫

材料：杜仲葉二至三錢

製法：杜仲葉沸水沖洗後，用沸水 250cc 沖泡

功效：補益肝腎、強骨抗老、驅脂降壓

備註：可加紅棗二枚調味

高脂血症

　　隨着人們生活水平提高，高脂血症及由其引起的併發性疾病的患病人數也逐年增加，該如何有效地預防和治療高脂血症？

　　血脂增高的原因分外源性和內源性兩種：**外源性**，即來自食物，為進食動物性脂肪或膽固醇類食物過多所致；**內源性**，即體內脂類代謝異常引起，此多與家族性遺傳有關。

　　根據現行的檢查數據，血液總膽固醇的指數最好低於200mg/dL 或低於 5.2mmol/L，另外低密度脂蛋白膽固醇（LDL）最好低於 130mg/dL 或低於 3.4mmol/L，三酸甘油脂最好低於 150mg/dL 或低於 1.7mmol/L。若任何一項不能達致理想水平，就有機會罹患心血管疾病。

　　膽固醇是人體必不可缺的重要元素，身體只需要少量的膽固醇來維持健康，但血液中的膽固醇只有百分之三十來自食物，其餘的百分之七十是由肝臟自行製造。膽固醇水平受到很多因素影響，例如遺傳、壓力、飲食習慣、生活模式、情緒、年齡、體重、疾病、煙酒、藥物等。所以，即使經常運動或改善飲食習慣，也需要定期接受血脂水平測試。

　　無論是否採用中西藥物治療高血脂症，都要養成良好的

飲食習慣，減少攝入動物脂肪，如肥豬肉、肥鵝等，因其含飽和脂肪酸過多，宜多選擇不飽和脂肪酸的食物，如海魚等。另外，亦要限制膽固醇的食物攝入，如糖、甜品等。供給充足的蛋白質，如魚類、豆類等。多吃豐富維生素、礦物質和纖維素的食物，如鮮果和蔬菜等。多選用具有降脂作用的食物，如酸牛奶、大蒜、綠茶、菊花、山楂、荷葉、綠豆、洋蔥、香菇、蘑菇、木耳、銀耳、海帶、黃豆、燕麥、玉米等。

高脂血症食療

1 雙耳湯

性平

材料：黑木耳一錢、白木耳一錢、冰糖適量

製法：黑木耳、白木耳用清水浸軟洗淨。將所有材料用清水一碗，蒸一小時即成

用法：睡前溫服，吃木耳

功效：潤肺滋補，輕身強志。其中黑木耳味甘，性平，歸入胃、大腸經，有涼血、止血、養血的作用，能減少血液凝塊。白木耳（雪耳）味甘、淡，性平，歸入肺、胃經，有滋陰潤肺，養胃生津的作用。冰糖味甘，性平，歸入脾、肺經，有補中益氣，和胃潤肺的作用

主治：適用於高血壓、血管硬化、血脂過高、冠心病等

備註：濕痰、積滯、便泄者忌服

2 菊花山楂茶

性平

材料：菊花三錢、山楂三錢

製法：先用沸水沖洗菊花、山楂，後用沸水 250cc 泡服

用法：溫服，每日一次

功效：平肝降壓、驅脂消食。其中的菊花味甘苦，性微寒，有疏散風熱、明目、清熱解毒、平肝陽的作用。山楂味酸，性微溫，有消食積、散瘀血、降壓、消脂的作用

主治：肝盛頭痛、血壓高、膽固醇高、脂肪肝、飲食積滯或過食高脂肪食物等

備註：脾胃虛弱、胃酸過多及血壓低者不宜飲用

糖尿病

糖尿病已成為危害人類健康的一種常見疾病，中老年人患病率有逐年上升的趨勢。當各種原因引起胰島素的分泌絕對或相對不足時，就會導致糖的代謝紊亂，使血糖增高，出現尿糖。糖尿病是一種新陳代謝的疾病，病程長、併發症多。

中國對糖尿病的認識較其他國家為早。在公元二世紀的《內經》中已有「消渴病」的記載（包括現今所講的糖尿病）：「脾癉者數食甘美而多肥也，肥者令人內熱，甘者令人中滿，故其氣上溢，轉為消渴。」按古籍稱胰臟為脾臟，「癉」是大熱之意，「肥」字是指脂肪，「甘」指甜食。因此，《內經》已記錄糖尿病的發作是由於胰臟的病變，並說出其病因與多食肥膩及甜品有關。

「消渴病」是指以多飲、多食、多尿、形體消瘦、疲倦、甜尿為主症的疾患，前人依其「三多」，故又稱為「三消」。以渴飲不已為上消，病在肺；食入即飢為中消，病在胃；飲一溲二、小便如膏為下消，病在腎。但三消之分，不能絕對化，因為只有三多症狀在疾病發生發展過程中同時存在，才能稱為消渴病。消渴病的發病原因與人的飲食不節、情志不調、煩勞過度、先天不足及藥物所傷有關。

在致病因素的影響下，身體會出現陰虧熱盛的病徵，其中以陰虛為本，燥熱為標，陰愈虛而熱愈盛，熱愈盛而陰愈虛，兩者互為因果，形成惡性循環。由於消渴病與肺、胃、腎三臟功能失調有着密切關係，所以前人又把「三消」稱為肺消、胃消、腎消。糖尿病的防治，現今主張飲食控制、藥物治療、體育療法及實施教育等四項。

四項之中就以飲食控制最為重要。病者需培養良好的均衡飲食習慣，定時定量，忌吃甜食，適量節制含有澱粉質的食品，多選高纖維及少油膩食物，不宜亂服燥補中藥或食物，烹調避免使用太多調味品。使用中醫藥治療消渴病，四診合參，辨證論治尤為重要，臨牀應根據其燥熱陰虧的發病機理，使用以滋陰清熱，潤燥生津等治療原則。

民間流傳很多降血糖的食物，筆者經過長期臨牀觀察，發現某些食物在某種程度上的確有降低血糖作用：苦瓜、冬瓜、南瓜、番薯葉（或番薯藤）、菠菜根、芹菜、豇豆（即豆角）、豌豆（即荷蘭豆）、玉米鬚、西瓜皮、番石榴、番石榴葉、油柑子、烏梅、蕎麥、黑木耳、白木耳、洋葱、黑苦蕎麥。

不過在使用前，最好先請教中醫師。

糖尿病食療

1 桑葉茶

性寒

材料：桑葉二至三錢

製法：桑葉沖洗，用沸水 250cc 沖泡

功效：疏風清熱、清肝驅斑、調節三高

備註：飯前飲用桑葉茶，可抑制血糖上升，預防糖尿病

2 番石榴葉茶

性溫

材料：番石榴葉二至三錢

製法：番石榴葉沖洗，用沸水 250cc 沖泡

功效：澀腸止瀉、美容減肥、調節三高

備註：便秘不宜

3 黑苦蕎麥茶

性微寒

材料：黑苦蕎麥一両

製法：黑苦蕎麥沖洗，用沸水 250cc 沖泡，沖泡二至三次作茶後，吃黑苦蕎麥

功效：軟化血管、減肥排毒、調節三高

尿頻

正常成人日間小便次數為四至六次，夜間睡眠時則是零至一次。若次數明顯增加則屬尿頻，尿頻是一種症狀。但若果是由於大量飲水或在冬季，尿量及小便次數亦會增多，不過這些情況是屬於正常現象。

尿頻的原因眾多，大概可分為幾種。有部分糖尿病患者，除了有小便頻繁及尿量多之外，還有口渴多飲、多食、消瘦等症狀出現。有些女性會因為子宮肌瘤增大或妊娠期因胎兒使子宮增大，壓迫膀胱致膀胱容量減少，也會造成尿頻的可能。急性膀胱炎或尿道炎的患者，在炎症刺激下，會同時出現尿頻、尿急、尿痛的不適。有些非炎症刺激，例如尿路結石，也會有尿頻的現象。還有一種尿頻，就是在精神緊張、焦慮或恐懼時出現，多發生在日間或夜間入睡前。其他如腎盂腎炎、前列腺疾病、膀胱癌、膀胱結核等，亦會出現尿頻現象。

有部分尿頻病患者，身體沒有實質性病變，每當過度疲勞，或過度食用生冷食物時，小便就會頻密，此乃體質虛弱，即中醫所說的脾腎不足，膀胱約束欠佳所致。

積極治療引致尿頻的疾病，平日持之以恆的做適量運動，生活要有規律，飲食均衡，遠離煙酒和刺激性飲食，保持良好的情緒等，方可將尿頻治癒。

1 淮山芡實核桃肉瘦肉湯

性平

材料：淮山六錢、芡實六錢、核桃肉六錢、
　　　瘦肉半斤

製法：淮山、芡實、核桃肉洗淨，瘦肉洗淨切片出水，
　　　用八碗水煎存四碗，加少許鹽調味即成

用法：溫服，飲湯食渣

功效：健脾補腎，壯腰縮尿

主治：脾腎虛弱型之尿頻，症見尿頻、腰膝痠軟、夜
　　　尿、遺精、大便或泄瀉

備註：大便秘結不宜。適合體弱小便頻數，無其他實質
　　　性病變者

2 淮山芡實蓮子豬小肚湯

性平

材料：豬小肚半斤、淮山六錢、芡實六錢、
　　　蓮子六錢、生薑二片

製法：1. 豬小肚（即豬膀胱）洗淨出水

　　　2. 淮山、芡實、蓮子洗淨，生薑去皮洗淨切片

　　　3. 用清水八碗煎存四碗，加鹽少許調味即成

用法：溫服，飲湯食渣

功效：健脾壯腎，縮小便

主治：腎虛所致之尿頻，症見尿頻、腰膝痠軟、遺尿、
　　　夜尿、大便泄瀉、疲倦、夜睡不寧

備註：大便秘結不宜。適合體弱小便頻數，無其他實質
　　　性病變者

3 蓮子芡實瘦肉湯

性平

材料：蓮子一両、芡實一両、瘦肉半斤

製法：蓮子、芡實洗淨，瘦肉洗淨切片出水，用八碗水 煎存四碗，加少許鹽調味即成

用法：溫服，飲湯食渣

功效：健脾補腎，安神縮尿

主治：脾虛腎弱型之尿頻，症見尿頻、夜尿、夜睡不 寧、遺精、大便泄瀉等

備註：大便秘結不宜。適合體弱小便頻數，無其他實質 性病變者

4 狗棍魚煲粥

性平

材料：狗棍魚半斤、白米二両

製法：狗棍魚去鱗、鰓、內臟、頭，洗淨，布包，白米 洗淨，共煮成粥

用法：溫服

功效：補脾益氣，健腎縮尿

主治：遺尿、尿頻

備註：小心骨哽。適合體弱小便頻數，無其他實質性病 變者

前列腺肥大

前列腺位於男性的膀胱尿道連接處，主要作用是製造精子所需的腺體。前列腺肥大又稱為良性前列腺增生，是一種常見於中老年的男性疾病。這可能與年齡增長，人體內激素變化和細胞增生有關。

良性前列腺增生起病隱匿而緩慢，多數患者無法回憶出確切的起病時間，常因急性尿瀦留，明顯尿流變慢等原因就診時，方明確診斷，或常規體格檢查時發現前列腺增生。

常見的良性前列腺增生症狀可分為兩大類：

阻塞性症狀：如尿流細小、解不乾淨、排尿後段滴瀝、尿柱斷續、需用力才能解尿等。

刺激性症狀：包括尿頻（排尿後不到兩小時又想尿）、尿急（尿意強烈，甚至憋不住）、夜尿等。

由於排尿常排不乾淨，容易併發細菌性膀胱炎、膀胱結石、尿瀦留等，嚴重者會導致腎積水乃至腎功能不全。此外，因前列腺體增大，其血流量也相對增加，患者可能出現無痛性血尿。

若症狀輕微，不影響生活者，只要注意水分攝取，避免

憋尿即可。若造成生活上的困擾，如尿頻、夜尿多次影響睡眠者，可用中藥或西醫藥物治理。

良性前列腺增生屬於中醫學「癃閉」的範疇。前列腺肥大為老年人多見病症，多因腎氣虧虛，兼夾血氣瘀滯，常以益氣活血為主要原則。

飲食上應以清淡、易消化為主，忌辛辣、煎炸、寒涼等刺激性食物，因這類食物容易導致前列腺血管擴張而使體積增大，加重梗阻症狀。同時調整飲水習慣，睡前不宜多飲水。另外要多食含鋅食物，如南瓜子、芝麻，多食新鮮蔬果。患者不宜縱慾，莫憋尿，保持大便暢通。避免久坐，少騎單車，勞逸結合。做適量運動，按摩腹股溝，做提肛訓練，並要注意防寒保暖，保持心情舒暢。平日可適當進食補腎食物：如核桃、栗子、淮山、蓮子、芡實、黑芝麻等。

前列腺肥大食療

1 生栗子

性溫

材料：生栗子適量

製法：生栗子去殼去皮

用法：早晚各吃一至二枚

功效：健脾補腎，壯腰縮尿

主治：腎虛所致之尿頻，症見尿頻、夜尿、腰膝痠軟、四肢無力

備註：一次過不宜多食，多食易脹中

2 淮山蓮子芡實瘦肉湯

性平

材料：淮山三錢、蓮子三錢、芡實三錢、
　　　瘦肉四両

製法：1. 用清水沖洗淮山、蓮子、芡實、瘦肉，把瘦肉
　　　　切片

　　　2. 將所有材料用清水四碗煎煮，大火煲滾後改用
　　　　小火，煎至二碗湯即成

用法：溫服

功效：健脾補腎

主治：適用於脾腎兩虛之大便泄瀉、尿頻、小便失禁等

備註：外感、實邪、小便短澀及大便秘結者不宜

3 核桃肉粥

性溫

材料：核桃肉一両、白米一両

製法：核桃肉、白米洗淨，煲粥

用法：溫服

功效：健脾補腎

主治：腎虛所致之小便頻數、腰痛、遺精、陽痿，腸燥
　　　便秘

備註：大便泄瀉，陰虛火旺或痰熱者不宜

痛風

痛風是「嘌呤」代謝紊亂所致的疾病，臨牀表現包括關節紅腫熱痛反覆發作、血液中尿酸增高、日久甚至會令關節畸型，出現痛風石及腎臟病變。

嘌呤是一種有機化學物，無色結精易溶於水，在人體內嘌呤氧化而變成尿酸。

人體嘌呤來源於飲食及體內合成，其代謝產物為尿酸，當體內尿酸產生過多或腎臟排泄能力不足，則產生高尿酸血症。臨牀上可分為兩期：

急性關節炎期：患者多在感染、勞累、飲酒及進食富含嘌呤的食物等誘發，通常在半夜突然發病，因關節疼痛而驚醒，初時為單關節炎症，以足大拇趾和第一蹠趾關節為多見，其次為其他趾關節，及踝、跟、膝、腕、指、肘等關節，偶有雙側同時或先後發作，局部關節紅腫熱痛及活動受限。同時伴有發熱，血細胞增高，血沉增快，一般經數日或一至二周後自然緩解。

慢性關節炎期：由急性關節炎反覆發作而來，多個關節受牽連，發作較頻，緩解期縮短，疼痛隨病程進展而加劇，甚至發作後腫痛也不完全消失，並在關節、腎臟及外耳的耳

殼、對耳殼、蹠趾、指間及和掌指關節等處的皮下出現痛風石，即尿酸鹽結晶，關節出現畸型及活動受限，病者常伴有腎功能不全、腎性高血壓等病。

　　對痛風病人來説，飲食調攝最為重要，限制膳食中嘌呤的攝入量，避免高嘌呤食物，如動物內臟、骨髓、家禽肉類及豆類、蘑菇等。控制蛋白質攝入量，每天攝入蛋白質限制為 0.8 克 / 公斤（體重），因蛋白質攝入過多體內產生的尿酸亦增加。痛風發作與神經內分泌調節有關，應限制興奮神經系統的食物，如煙、酒、咖啡、濃茶、辣椒、咖哩、胡椒等刺激性食物。適當減肥，肥胖是高尿酸血症的發病因素之一，體重逐漸減輕後血尿酸水平亦會降低。尿酸易在酸性條件下沉積而產生泌尿道結石，鹼性環境可提高尿酸的溶解度，故平常多飲水、多吃鹼性食物如海帶、白菜、芥菜、黃瓜、茄子、蘿蔔、番茄、馬鈴薯、洋葱、綠蘆筍、桃、杏、梨、香蕉、蘋果等，可促進尿酸的排泄，防止尿酸結石的形成。同時亦要避免情緒激動，進食要定時定量，並要勞逸結合。

痛風食療

1 蘋果紅蘿蔔汁

性微寒

材料：綠蘆筍 40 克、紅蘿蔔 150 克、
　　　檸檬 30 克、芹菜 50 克、蘋果 200 克

製法：將材料切塊搾汁

功效：利尿，降低血尿酸

2 馬鈴薯紅蘿蔔黃瓜蘋果汁

性微寒

材料：馬鈴薯、紅蘿蔔、黃瓜、蘋果同等分量

製法：將材料切塊搾汁，可加小量蜂蜜調味

用法：每天飲 250cc

功效：利尿，降低血尿酸

3 百合粥

性平

材料：新鮮百合 80 克、大米

製法：共同煮成粥

用法：長期服用

功效：防治痛風性關節炎

備註：亦可選擇單吃新鮮百合，因百合含有一定量的秋
水仙鹼，對痛風性關節炎有一定的防治功效

百合

補腎

　　腎，位於腰部，左右各一，所以稱「腰為腎之府」。腎的生理功能是藏精、主水、主納氣、主骨、生髓、通腦、其華在髮、開竅於耳及二陰。腎主人體的生長、發育、生殖。

1. **主藏精：**精是構成人體和維持生命活動的基本物質。腎藏精的含義有二：一是藏生殖之精，是生殖的基本物質，功能繁衍後代；二是藏五臟六腑之精，是由不斷攝入的飲食所化生，是維持生命活動和機體代謝所必不可少的，故腎是精的總儲藏器官。因此，精不宜過度消耗，以免影響全身的各種機能運作。

2. **主水：**腎是調節體內水液的輸布和調節的主要器官，故有「腎為水臟」之稱，腎臟有病能引起水的輸布失常，可見的有：小便不利、水液滯留、全身水腫或小便失禁、飲多尿多、遺尿、夜尿等。

3. **主納氣：**呼吸雖由肺所主，但需要腎的協調，腎有幫助肺吸氣和降氣的作用，稱為「納氣」。如腎不納氣就會表現虛喘，即呼多吸少，動則氣喘。

4. **主骨、生髓、通腦：**腎藏精，精生髓，髓藏骨

中，髓有骨髓和脊髓之分，脊髓上通於腦，腦為髓海（即腦髓）。腎精充足，則骨、髓、腦三者充實健壯，四肢輕勁有力，行動靈敏，精力充沛，耳聰目明。腎精不足，則動作緩慢，骨弱無力，貧血，健忘，小兒則會發育不良。

5. **其華在髮：** 頭髮的生長與光澤，有賴於精與血的滋養，故有「髮為血之餘」、「腎之外候」之説。故腎氣旺盛，則毛髮茂密烏黑有光澤；腎氣虛衰，則毛髮稀疏脫落或變白無光澤。

6. **腎開竅於耳及二陰：** 耳與腎有關，為腎之上竅。腎精充足，則聽覺正常；腎精不足，則耳鳴耳聾，聽力減退。二陰指前陰和後陰，前陰包括尿道和生殖區，有排尿和生殖的作用，後陰即肛門，有排泄糞便的作用。如腎氣虛則小便失禁或淋瀝不盡、生殖能力減退，腎陰不足可致便秘，腎陽不足可致五更泄瀉。

具有補腎作用的食物有多種，常見的有淮山、芡實、蓮子、杞子、腰果、核桃、黑芝麻、花生、冬蟲草、靈芝、海參、瑤柱、鮑魚、烏龜、葡萄、小麥胚芽等。經過適當配搭，可製造出不同食療方。

1 淮山芡實核桃肉瘦肉湯

性平

材料：淮山六錢、芡實六錢、核桃肉六錢、
瘦肉半斤

製法：淮山、芡實、核桃肉洗淨，瘦肉洗淨切片出水，
用八碗水煎存四碗，加少許鹽調味即成

用法：溫服，飲湯食渣

功效：健脾補腎，壯腰縮尿

主治：脾腎虛弱型之尿頻，症見尿頻、腰膝痠軟、夜
尿、遺精、大便或泄瀉

備註：大便秘結不宜

2 蓮子芡實瘦肉湯

性平

材料：蓮子一両、芡實一両、瘦肉半斤

製法：蓮子、芡實洗淨，瘦肉洗淨切片出水，用八碗水
煎存四碗，加少許鹽調味即成

用法：溫服，飲湯食渣

功效：健脾補腎，安神縮尿

主治：脾虛腎弱型之尿頻，症見尿頻、夜尿、夜睡不
寧、遺精、大便泄瀉等

備註：大便秘結不宜

3 瑤柱瘦肉湯

材料：瑤柱二両、瘦肉半斤

製法：瑤柱洗淨，浸軟拆絲，留浸瑤柱水，瘦肉洗淨切
　　　片出水，用六碗水煎存三碗，加少許鹽調味即成

用法：溫服，飲湯食渣

功效：滋陰補腎

主治：腎陰虛型之尿頻，症見尿頻、夜尿、心煩口渴、
　　　神經衰弱、失眠、多夢

瑤柱

更年期綜合症

更年期是婦女卵巢功能逐漸衰退，直至完全停止的一個生理過程，是婦女由發育期過渡到老年期的一個自然現象。

婦女在絕經前後（四十五至五十五歲）出現或輕或重、或久或暫的一些症狀，如月經紊亂、烘熱汗出、潮熱面紅、五心煩熱，或頭暈耳鳴、情緒不穩、煩躁易怒，或失眠心悸、面目浮腫、皮膚感覺異常等，症狀會持續三至五年。這段過渡時期，內分泌變化很大，身體暫時不能調節和適應，出現以植物神經功能失調為主的症候群，總稱為更年期綜合症。其發生的原因，主要是卵巢功能減退，雌激素分泌減少。

更年期綜合症是否發生或程度輕重，除了與卵巢功能衰退，雌激素缺乏有關外，亦會受氣候、環境、精神、情緒及家庭等因素影響。大部分婦女會平安渡過，少數婦女會出現生理及心理不適的症狀。因此，重視更年期的保健是必須的，亦可預防老年病或癌症的發生。

更年期最困擾婦女的莫過於潮熱汗出，由於更年期體內雌激素含量不穩定，血管因而會舒縮不穩定。患者突然感覺有一陣奇熱從胸背部湧向頸部及頭面部，然後波及全身，同時全身（尤其是面部）皮膚變紅，緊接着全身出汗，當中有

又以頭頸及胸背部明顯，出汗後皮膚散熱，血管收縮，繼而有少許畏寒感。有時罕有陣陣發熱，面部潮紅而無出汗則稱為面部潮熱。伴隨潮紅發生有心悸、眩暈、疲倦等不適感。此等症狀發作的頻率及持續時間有很大的個體差異，有的僅偶然發作，有的則每天發作數次，甚至數十次，持續時間有的很短，數秒鐘即過去，有的持續數分鐘。潮熱汗出一般發生在絕經期前一至二年，直至雌激素下降到很低的水平時，潮熱的現象便會停止，通常持續一至五年，即絕經後幾年才結束。

中醫稱更年期綜合症為「絕經前後諸證」，其發病機理為經斷前後，腎氣漸衰，天癸將竭，沖任脈虛，生殖機能逐漸減退以致喪失，臟腑功能衰退，使機體陰陽失於平衡而導致該證。而腎虛是致病之本。至於潮熱汗出此症，大多屬於腎陰不足所致，因此忌刺激、香脆的食品，忌煙酒，不宜用煎炸、辛辣、烤焗烹調方法。

踏入更年期，體力會有所不足，常有力不從心之感。此時，生理上更加要注意有規律，起居有常、作息定時、勞逸結合，不要過勞。飲食要定時定量，有規律、有節制，營養要均衡。適當運動要持之以恆則可增強體質。從客觀實際及多角度看事物，凡事包容、開朗樂觀、凡事謝恩。

1 浮小麥糯稻根大棗湯

性平

材料：浮小麥五錢、糯稻根五錢、大棗五枚

製法：用清水沖洗浮小麥、糯稻根、大棗，將所有材料用清水三碗煎煮，大火煲滾後改用小火，煎至一碗湯即成

用法：溫服

功效：養心益氣，除煩止汗

主治：氣弱易汗，心煩不安，潮熱汗出

備註：外感、實邪者不宜

3 水魚無花果瘦肉湯

性平

材料：水魚一隻（約一斤）、無花果六枚、瘦肉六兩、生薑三錢

製法：1. 熱水燙水魚，使其排尿後切開去內臟去衣，洗淨出水，無花果洗淨切開兩半，瘦肉洗淨切片出水，生薑去皮洗淨切片

2. 將所有材料用清水十碗煎煮，大火煲滾後改用小火，煎存四至五碗湯，加少許鹽調味即成

用法：溫服，飲湯食渣

功效：滋陰補虛

主治：陰虛諸損、潮熱、癥瘕（如子宮肌瘤、血瘤等），痔瘡，陰道乾癢灼熱，皮膚乾、現皺紋

備註：外感、脾胃陽虛、便溏、孕婦均忌服

2 牡蠣肉豬腒湯

性平

材料：鮮牡蠣肉六両、豬腒六両

製法：1. 牡蠣肉用生粉洗淨，出水，豬洗淨切片，出水

2. 將所有材料用清水四碗煎煮，大火煲滾後改用小火，煎至二碗湯，加少許鹽調味即成

用法：溫服，飲湯食肉

功效：滋陰清熱，養血寧心

主治：用於虛損、崩漏失血，熱病後、陰津耗傷，自覺身熱或血虛心悸、煩躁不眠、心神不安

備註：外感、脾胃虛寒者忌服

4 花生眉豆紅棗雞腳豬脊骨湯

性平

材料：花生一両半、眉豆一両半、紅棗十枚、雞腳八隻、豬脊骨一斤、生薑三錢

製法：1. 花生、眉豆、紅棗用清水沖洗，雞腳去皮、爪甲，洗淨出水，豬脊骨切塊洗淨出水，生薑去皮洗淨切片

2. 將所有材料用清水十碗煎煮，大火煲滾後改用小火，煎至五碗湯，加少許鹽調味即成

用法：溫服，飲湯食渣

功效：潤膚減皺，養血益氣

主治：氣血不足，精血虧損以致之面色萎黃、肌膚不澤、色斑早現、皺紋較多、肢體乏力，腰膝痠痛、骨質疏鬆

備註：腹脹便泄、外感、實邪者均不宜用

5 豬皮眉豆豬脹湯

材料：豬皮四両、眉豆一両半、豬脹半斤、
　　　蜜棗二枚、生薑二錢

製法：1. 豬皮去毛洗淨，切短條，出水

　　　2. 眉豆、蜜棗用清水沖洗

　　　3. 豬脹洗淨切片出水，生薑去皮洗淨切片

　　　4. 將所有材料用清水六碗煎煮，大火煲滾後改用
　　　　 小火

　　　5. 煎至三碗湯，加少許鹽調味即成

用法：溫服，食渣飲湯

功效：補腎健脾，潤膚減皺

主治：脾腎不足，精津虧損而出現皮膚乾燥、彈性降
　　　低、皺紋早現、枯槁不澤、黑斑

備註：腹脹及便泄者忌服。豬皮與豬腳有相同的美容功
　　　效，亦含有大量膠原蛋白和彈性蛋白，亦可延緩
　　　肌膚衰老過程

骨質疏鬆症

骨質疏鬆症是一種骨骼新陳代謝的病症，在三十五歲之後，骨質流失的速率遠大於重建的能力，導致骨骼中的鈣質漸漸流失，骨質密度減少，骨質疏鬆會令骨骼結構變得脆弱，因而容易發生骨折。

骨質疏鬆在初期常無明顯症狀，直至脊骨變形彎曲，出現駝背、變矮或活動障礙，甚至發生骨折才開始發現，骨折多發生於脊椎骨、大腿骨及手腕骨。

骨質疏鬆症發生後常有腰背疼痛、肌肉痛、腿膝痠軟及關節疼痛等症狀表現。如果懷疑自己患有骨質疏鬆，可透過雙能量 X 光吸收測量儀作出診查。

一般而言，體格較大、皮膚較黑而粗糙、運動量大的人，骨質疏鬆症的發生率會較低，程度較輕。至於身材瘦小、骨架較小、皮膚皙白、運動量少、偏食、節食、缺乏鈣質及維他命 D、不注重均衡飲食、煙酒過多，過量的咖啡因如濃茶咖啡、過早停經、不規則月經或直系親屬中有骨質疏鬆症而發生骨折的人，又或因疾病而在四十五歲前曾經切除雙側卵巢者、長期服用甲狀腺素、肝素、類固醇及抗癌藥等，或患有甲狀腺機能亢進、肝臟、腎臟及腸胃道長期有疾病的人士，均是患上骨質疏鬆症的高危一族。

要預防骨質疏鬆症，除了要保持做適當運動外，均衡飲食亦很重要，可多選擇含豐富鈣質的食物，例如奶類產品：牛奶、芝士、乳酪。海產類：連骨或殼食用的海產，如白飯魚、蝦米皮、銀魚乾。豆類產品：豆腐、豆腐花、豆腐絲、百頁。深綠色蔬菜：白菜、油墨菜、西蘭花。其他如黑芝麻、海帶、紫菜、銀耳等也含有豐富的鈣質。

為了保持正常的骨骼，攝取適量的鈣是必要的，攝取量的多少因種族不同而稍有不同，成年中國女性建議每天攝取一千毫克鈣，停經後為一千五百毫克，男性則建議每天攝取一千毫克，六十五歲後為一千五百毫克。

骨骼中的有機物約有百分之七十至八十是膠原蛋白，膠原蛋白能讓鈣質與骨細胞之間緊密結合，不易使鈣質流失。故此，當骨骼中的膠原蛋白流失後，連帶鈣質也會降低，即使補充鈣質，也會因為膠原蛋白的不足，而無法完全保住鈣質。因此，當補充鈣質時，也需要適當地補充膠原蛋白質。

含豐富膠原蛋白的食物包括牛蹄筋、豬腳筋、雞腳、魚皮、肉類中的軟骨，以及含膠質多的食物。

1 花生眉豆紅棗雞腳豬脊骨湯

性平

材料：花生一両半、眉豆一両半、紅棗十枚、
雞腳八隻、豬脊骨一斤、生薑三錢

製法：1. 花生、眉豆、紅棗用清水沖洗

2. 雞腳去皮、爪甲，洗淨出水

3. 豬脊骨切塊洗淨出水

4. 生薑去皮洗淨切片

5. 將所有材料用清水十碗煎煮，大火煲滾後改用
小火

6. 煎至五碗湯，加鹽少許調味即成

服法：溫服，飲湯食渣

功效：潤膚減皺，養血益氣

主治：氣血不足，精血虧損以致之面色萎黃、肌膚不
澤、色斑早現、皺紋較多、肢體乏力，腰膝痠
痛、骨質疏鬆

備註：腹脹便泄、外感、實邪者均不宜用

2 杜仲黑豆西施骨湯

材料：杜仲五錢、黑豆一両半、淮山五錢、
　　　枸杞子五錢、紅棗十枚、西施骨一斤、
　　　生薑二片

製法：1. 先將杜仲、黑豆、杞子、紅棗用清水沖洗

　　　2. 淮山用清水浸洗

　　　3. 西施骨切塊洗淨出水

　　　4. 生薑去皮洗淨切片

　　　5. 將所有材料用清水十碗煎煮，大火煲滾後改用
　　　　 小火

　　　6. 煎至五碗湯，加鹽少許調味即成

服法：溫服，飲湯食肉

功效：補肝腎，強筋骨，健脾益血

主治：肝腎虧虛之腰膝痛無力、骨質疏鬆、眼目昏花、
　　　頭髮早白、面色萎黃

備註：外感、內熱、腸胃積滯不宜

類風濕性關節炎

類風濕性關節炎是一種病因不明、與自身免疫系統密切相關的慢性全身性炎性疾病。主要牽連到多處關節的滑膜，表現為對稱性、多發性、反覆發作性關節的腫、痛、熱、受累關節常為手足小關節，最終導致關節變形、強直、喪失功能和肌肉萎縮。特別是雙手的手指關節隆起向尺側偏歪，大小關節均可被侵犯，甚至可以造成殘疾。在早晨起牀後有關節僵硬，活動不靈，嚴重時有全身僵硬感，起牀活動或溫暖後即緩解或消失。

皮下有類風濕結節，X光可見典型的類風濕性關節炎改變，如骨侵蝕性改變等。血清類風濕因子陽性，除關節病變外，可伴有發熱、乏力、貧血，還可累及全身多個臟器，是全身結締組織病中最常見的一種，多見於青壯年女性。

本病以肢體、關節痠痛、痠楚、活動障礙為主要表現，屬於中醫學「痹證」範疇。因先天稟賦不足，正氣虧虛，感受風寒濕熱之邪，痹阻於肌肉、骨節、經絡之間，使氣血運行不暢，筋脈關節失於濡養所致。臨牀使用中藥須辨證分型，通常分為風痹、寒痹、濕痹三大類型：

風痹（風邪偏盛）：全身多處關節游走性竄性疼痛，或兼有肢體關節屈伸不利，或兼有發熱、惡寒等表證。

寒痺（寒邪偏盛）：肢體關節疼痛較明顯，痛處固定不移，遇熱減輕，遇寒加重，局部無紅、腫、熱，重者肢體屈伸不利，活動受限。

濕痺（濕邪偏盛）：肢體關節疼痛沉重，肌肉皮膚麻木不仁，手足笨重，步履艱難，或胸悶泛惡。

預防類風濕性關節炎要避免風寒濕邪侵襲，防止受寒、淋雨和受潮；注意關節保暖，不穿濕衣、濕鞋、濕襪；不要貪涼而飲用冷飲；不要居臥濕地；勞動身熱汗出後，應及時更換衣服，也不宜即時洗浴。

飲食方面要注意均衡飲食，定時有節，不宜暴飲暴食，不宜亂服健康食品。另外亦要保持心情舒暢，預防外感時邪入襲。注意勞逸結合，起居有常，過度勞累會使正氣易損，風寒濕邪可乘虛而入。經常堅持體育鍛煉，如做八段錦、打太極拳等，可增強身體抗禦風寒濕邪的能力。《內經》所謂「正氣存內，邪不可干」、「邪之所湊，其氣必虛」，正是這個道理。

為方便選擇食療，以下將類風濕性關節炎分為二型：

風寒濕型：關節腫痛或有積液、畏寒肢冷、胃納差、大便稀爛、小便清長、舌質淡、苔白膩、脈濡。此型患者可選用豬、牛、羊骨頭煮湯，配以薑、桂皮、辣椒、胡椒等偏於

溫經散寒、驅風勝濕的食物。不宜寒涼生冷食物。

　　風濕熱型：關節腫痛、發熱、咽痛、便秘、小便黃、舌質紅、苔厚、脈弦數。此型患者可選用薏米、綠豆、芹菜、絲瓜、苦瓜等偏於清熱驅風去濕的食物。不宜辛辣、刺激、溫熱和油膩之食物。

類風濕性關節炎食療

1 辣椒根瘦肉湯（適用於風寒濕型患者）

材料：辣椒根一両、瘦肉三両

製法：將材料以清水四碗煎存一碗

用法：溫服

功效：驅寒止痛

性溫

2 薏米粥（適用於風濕熱型患者）

材料：薏米一両

製法：將薏米以適量清水煲粥

用法：溫服

功效：清熱利濕

性微寒

癌症治療後
白血球減少

癌症是一種消耗性疾病，經過手術、放療或化療等抗腫瘤治療後，患者會體力消耗，營養障礙，還會出現一些副作用或後遺症，影響治療效果。

最常見的副作用就是骨髓抑制，血象下降，包括白血球、紅血球或血小板減少等，導致患者身體免疫機能不足。這時候，若配合中藥、飲食營養及運動等整體調理，則可減輕治療的副作用，提高治效，增強體質，加快體力恢復。

白細胞減少屬中醫虛證範圍，宜補脾腎，益氣為主，常用補益食物有豬蹄、花生、靈芝、蘑菇、豬蹄筋等。白細胞減少患者宜多食高蛋白質食物，如雞蛋、瘦肉、魚類、動物肝臟、奶及其製品、豆類及其製品。如在中醫師指導下，亦可進食雞肉、牛肉。及宜多食高維生素食物，尤其維生素 B6、B12、葉酸、維生素 C 等，如酵母、穀類、花生、蛋類、綠葉蔬菜等。切忌煙酒。並要加強護理，防止感染。

1 蘑菇紅菜頭花生水

性平

材料：蘑菇一両半、紅菜頭四両、
花生（連衣）二両

製法：1. 蘑菇洗淨切片、紅菜頭去皮洗淨切粒、花生連
衣用清水沖洗

2. 將蘑菇、紅菜頭用清水四碗煎存二碗，放入花
生（連衣）再煎存至一碗即成

用法：溫服，可每天服用一次

功效：補血健脾

主治：白血球減少。亦可治療血虛引致的貧血、症見面
色萎黃、失眠、心悸等。

對於紅血球減少及血小板減少亦有幫助。此方具
有防癌作用，適合一般人飲用

備註：服後大、小便可能會出現粉紅色，這與紅菜頭的
顏色有關。紅菜頭含有豐富的鐵、鈣、磷、鉀等
礦物質，有補血補腦抗癌的功效。至於蘑菇含有
的多糖成分，能增強人體抵抗力，有健脾益氣，
提升白細胞的功效。花生連衣煎煮時間短，其實
是取花生衣的功效，花生衣具有止血作用，可治
因血小板減少而引發的出血現象

2 花生紅棗豬蹄筋瘦肉湯

性微溫

材料：花生連衣二両、紅棗二十枚、
　　　豬蹄筋二両（乾品）、瘦肉半斤、生薑二片

製法：1. 花生連衣沖洗，紅棗洗淨

　　　2. 豬蹄筋洗淨用水泡軟出水，瘦肉洗淨切片出
　　　　 水，生薑去皮洗淨切片

　　　3. 將所有材料用清水八碗煎存四碗，加少許鹽調
　　　　 味

用法：溫服，飲湯食渣

功效：健脾益氣，壯筋骨，補血升白

主治：氣血不足引致之白細胞減少、紅細胞減少、血小
　　　板減少，症見面色㿠白、神疲乏力、食慾不振、
　　　筋骨萎軟

3 靈芝瘦肉湯

性微溫

材料：靈芝三錢、瘦肉四両

製法：靈芝洗淨，瘦肉洗淨切片出水，用四碗水煎存一
　　　碗

用法：溫服

功效：養血補氣，安神益智

主治：氣血不足、脾胃虛弱引致之白細胞減少、失眠、
　　　心悸、疲倦、免疫力低

備註：外感內熱、濕困者不宜

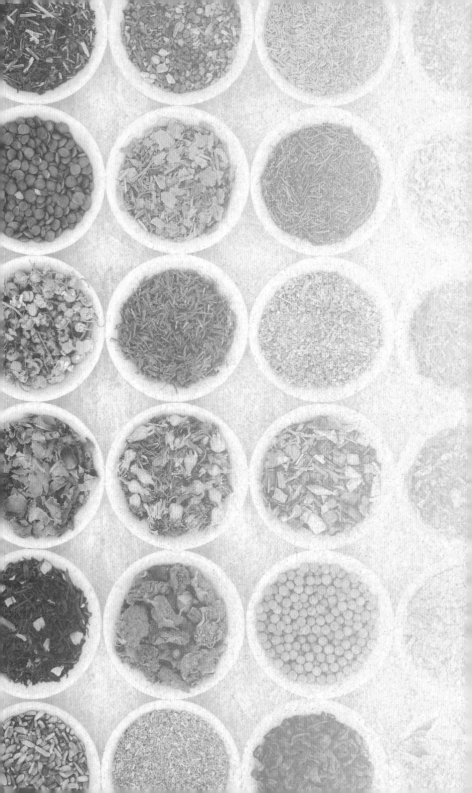

第 三 章

唾手可得的
珍貴食材

合時而食

這個「時」字，可理解為「時令」或「時辰」。

一年有四季，又稱四時；按季節而吃，這是中國自古以來的飲食文化特色。所謂「種田無定例，全靠着節氣」，只要「不違農時」，順應四時節氣的變化而播種、收割、栽種最適合的農作物，必然五穀豐收。同樣地，我們吃東西要應時令、按季節，到什麼時候就吃什麼東西，選擇當季的食物，就能吃得健康。因為各種植物有其生物特性，在適合生長的溫度和濕度及季節栽種，就會生長茂盛，產量多，品質好，吃起來也特別美味。

現代科技發達，農業發展迅速，食物的生長時令幾乎已失去了意義，農民已打破植物傳統的生長法則，大部分人喜歡食用的蔬果一年四季幾乎都可以吃到。由於不按植物的生長特性，違反自然，植物生長不易，故使用更多的農藥、化肥或荷爾蒙、基因改造；吃進口裏的蔬果品質、口感也與自然生長的不同，對身體有長期的損害。

人類與自然界有着密切的關係，自然界一年四季氣候的變化，對人體的生理、病理都會產生一定的影響。順應四時變化，結合季節特點，採用相應調身健體的方法，才能收到滿意效果。

如在春夏季，不宜進補溫熱之品，因為這兩個季節的氣候溫暖炎熱，人體的陽氣亦相應旺盛，皮膚比較疏鬆，容易出汗，若進補過多溫熱補品，會使人陽氣更旺，汗出更多而反損元氣。春季氣候轉溫，陽氣升發，飲食宜疏肝健脾，可選食菊花、淮山之類。夏季炎熱酷暑，飲食宜清暑生津，可選用綠豆、西瓜之類。

在秋冬季，由於外界的氣候漸漸由熱轉涼寒，人體的陽氣亦相應地潛藏，皮膚的毛孔緊束，陽氣相應不足，故不宜進食太多寒涼類補品。秋季涼爽乾燥，燥氣可耗傷肺陰，故飲食宜平補潤肺，保津養陰，可進食銀耳、雪梨之類。冬季氣候寒冷，飲食宜補腎溫陽，可選用羊肉、鹿茸之類。這樣，適應四時氣候變化，因時制宜，就可達到養生防病健體的效果。

按季節選擇食物及吃時令食材固然重要，但是，若不注重飲食有節、按時進食、三餐合理安排等，任何飲食營養都會失去養生的意義。按時適量進食，脾胃消化吸收功能就會正常。若不定時定量進食，又好吃零食，脾胃功能就會減弱。總之，要根據四時氣候變化，吃時令食物，並要定時有節制進食，只有這樣「吃得合時」才會有健康的身體。

廣東三寶——
陳皮、生薑、禾稈草

廣東有三寶,陳皮、生薑、禾稈草。

能夠稱之為寶,必然有它的獨特功效和價值。我們千萬不要因為它們普通平常而忽視。

陳皮

陳皮是芸香科植物柑桔的乾燥果皮,其中以廣東省所產的新會柑和茶枝柑的柑皮品質最好。廣東人認為陳皮愈舊愈好,它含橙皮甙、陳皮素、檸檬烯及揮發油。味辛、苦,性溫,入肺、脾經,功能理氣健脾、燥濕化痰。主治脾胃氣滯、脘腹脹滯、噁心嘔吐、消化不良,及痰濕壅滯、胸膈滿悶、咳嗽痰多等症。

粵人烹製菜式,如煲湯煲粥之時,都喜歡配搭一小塊陳皮,取其有化痰消滯、驅寒理氣的好處。但是如果有氣虛、內熱、陰虛燥咳及吐血患者,均不宜應用陳皮。柑桔的中果皮及內果皮之間的纖維管束成網絡狀,稱為桔絡,味苦、甘性平,有通絡理氣化痰的作用,凡因咳嗽或挫傷以致的胸脇作痛者最為適用。

柑桔的乾燥種子，稱為桔核，味苦性溫，功能理氣散結止痛，專治疝氣疼痛、睪丸腫痛等症。柑桔樹的葉，味苦性平，功能疏肝行氣、消腫散結，亦可用於脇痛及乳房腫塊等症。

生薑

　　生薑，為薑科多年生草本植物「薑」的新鮮根莖。常言道：「冬吃蘿蔔夏吃薑，不勞醫生開藥方。」

　　古書曾記載，生薑能「禦百邪」，這大概是指生薑能抵禦因受寒所引起的一些疾病。所以人們下冷水、經雨淋後或受寒時都有飲服薑湯的習慣，方法是用生薑五片，加適量紅糖煎水，乘熱服下；或用老薑一大塊，將它打碎，放下滾水煎出辣味後用來洗澡，待全身滾熱汗出，病就好了。這是借助生薑的發表散寒之力。

　　生薑又有「嘔家聖藥」之譽，民間有用生薑汁一湯匙，加水三湯匙，煮熱一次服，治療偶然感風寒而嘔吐不止；若因胃風作悶，又有用生薑切碎粒炒飯食。這是由於生薑能袪風止嘔之故。

《本草綱目》亦說明生薑能「通神明」，指飲服薑湯可用作救急，治療暈厥，恢復神志之意，增強和加速血液循環。生薑因為含有「薑辣素」原故，所以能發汗、驅風寒，是因生薑味辛性溫。當人感受風寒之後，身體抵抗病菌的能力較差，侵入身體內的病菌就會使人頭痛、發燒、咳嗽。那麼，只要祛除風寒，病就會好。而生薑對心臟和血管都有刺激作用，能使心臟加快跳動、血管擴張，血液流動因而加快，使全身產生溫熱的感覺；同時，流到皮膚的血液增加，促使身上的汗毛孔張開，滲出來的汗也多了。流出的汗，不但可以把多餘的熱帶走，而且還把病菌放出的毒素排出體外。所以，民間常用薑湯發汗治療風寒，是有科學根據的。

當中醫遇到脾胃虛寒的病症時，經常會在藥方中配用生薑以溫中散寒。當人體脾胃虛寒時，消化吸收能力就會減低，因而發生嘔吐、腹瀉或胸腹作痛，此時使用有溫熱作用的生薑，可使之恢復正常。因生薑的薑辣素先刺激舌頭上的味覺神經，使我們感到有股辣味，以後又刺激胃腸黏膜上的感受器，通過神經反射促使胃腸道充血，增強消化道蠕動，讓消化液分泌旺盛，又能刺激小腸，使腸的吸收能力加強，從而起到健胃、止嘔的作用。如果感受風寒，可用生薑二錢、紅糖適量，以水煎服。

如無風寒，則不宜食入過多生薑，因食用過多會使大量薑辣素在排泄過程中刺激腎臟，繼而出現口乾、咽痛、便結、目糊、汗多，甚至口鼻出血等「上火」傷陰症狀。陰虛

內熱患者，患有目疾、癰瘡、痔瘡、多汗者、糖尿病及乾燥綜合症患者、放療後陰津虧虛者，均不宜服用。還需注意的是，腐爛生薑不可食用，因為腐爛生薑會產生一種毒素，可使肝細胞變性壞死，從而誘發肝癌。

禾稈草

　　至於第三寶——禾稈草。雖然不可食用，亦無藥效。但禾稈草可作飼料、堆肥、煮食、燃料、建築材料、造簾、造鞋等用，絕對不是廢物，在農耕的社會中更是寶。

利弊同源——
蒜頭

最近，有一位年青母親帶同她五歲兒子來診，訴説其子手足生瘡，經常搔癢，以致夜間不能眠，並有大便秘結現象，病童曾多次看皮膚專科無效。觀察其瘡紅腫，部分被抓至破損出血，唇紅乾脱皮，面頰皮膚乾燥，脈滑數，舌質紅，苔黃乾。經辨證分析，診斷為腸胃積熱，熱毒蘊結引致生瘡，治以清熱解毒之方劑，並囑其多飲水，忌食辛辣、燥熱及煎炸食物。孩童服藥兩劑，皮膚好轉，無新瘡出現，再如前法加減處方。

兩天後菲傭帶孩童回來覆診，發覺瘡癤紅腫如前，部分被抓破流血，從問診得知，孩童嗜食蒜蓉豬扒，有時一星期多至五次，菲傭亦稱其主人夫婦認為蒜蓉有益健康，故家中多用蒜蓉作佐料。我對小孩説：「蒜蓉加添火力，皮膚就會生瘡痕癢紅腫，不要再食啦！如果再食，皮膚就唔靚啦！返去告訴媽媽，知道嗎？」小孩一路走，一路笑着説：「蒜蓉加添火力，嘻嘻！」至第四診，該童症狀盡去，皮膚光潤。

蒜頭的殺菌力特強，有健胃、散寒的功效，能調節血脂、血壓、血糖，並可預防心臟病。其中所含的大蒜素及有機鍺，均有防癌抗癌作用，並能直接阻斷致癌物亞硝胺的合成。大蒜雖然有多方面的效果，但亦有其禁忌之處，尤其對胃腸道疾病，如胃炎、胃腸道潰瘍患者不利，肝病患者不宜

多食。由於大蒜味辛，性溫，容易傷陰耗損津液。故此，若有面紅、午後潮熱、口乾、便秘、煩躁、內熱等陰虛火旺症狀的人，絕不宜食用，其次，若經常有肝熱眼疾、口齒喉舌疾患、熱毒生瘡及熱性體質者，均不宜服用蒜頭（熱性體質症見發熱、口乾渴、喜冷飲、面紅、煩躁、小便少而黃、便秘、舌質紅、苔黃乾、脈洪大而數。）。

中國醫學強調醫食同源，當我們選擇食物時，除了留意其功效、性質外，還要認識其禁忌範圍，這樣，才會令你食得開心，食得放心。

食療介紹

1 蒜頭眉豆湯

性溫

材料：紅皮蒜六両、眉豆六両

製法：蒜頭、眉豆洗淨，八碗水煎存二碗

用法：溫服

功效：健脾腎，行滯氣，利尿消腫

主治：脾腎虛損所致之晚期腹水，症見面色略黃、胃悶納差、神情怯寒肢冷、大便短少不利

備註：內熱、陰虛火旺者不宜

2 大蒜燉生魚

材料：大蒜三両、生魚一條（約半斤）

製法：大蒜洗淨，生魚去內臟、鱗、鰓，洗淨抹乾，薑煎，將所有材料用清水四碗燉服，不要加鹽

用法：溫服，飲湯食渣

功效：健脾，利水消腫

主治：營養不良性水腫，脾虛水腫、腹水，症見神疲乏力、大便泄瀉、面目浮腫、小便不利、納差

處處是寶——蓮

有不少中藥材兼具食用、藥用、觀賞價值，其中以蓮最為特殊，因「蓮出污泥而不染」，別具一種俊逸高雅的氣質，所以獲得許多文人雅士的偏愛。

蓮，又名荷，為睡蓮科蓮屬植物。以湖南的品質最佳，福建的產量最大。蓮一身都是寶，用途廣泛，凡蓮子、石蓮子、蓮子心、蓮鬚、蓮房、蓮花、荷葉、荷梗、荷蒂、藕、藕節，無一不具醫療效用。

蓮子是蓮的果實，於秋末冬初割取蓮房、取出曬乾入藥。蓮子性味甘、澀、平，入心、腎、脾經，功效為養心安神、益腎固精、補脾、澀腸。適用於夜寐多夢、遺精、淋濁、久痢虛瀉、婦人崩漏帶下等症。中滿痞脹及大便燥結者，忌服。

蓮子除了有醫療價值之外，還可製成蓮蓉、糖蓮子、蓮子羹或糖水等。

蓮子心是蓮成熟種子的綠色胚芽，性寒、味極苦，能清心、祛熱、固精、降壓、安神，適用於治療因高熱引起的煩躁不安、神智不清和夢遺滑精。

　　蓮鬚是蓮乾燥的雄蕊，以色白純淨者為佳，故又名白蓮鬚，性味甘、澀、平，入心、腎經。功效為清心、益腎、澀精、止血，適用於夢遺滑泄、吐、衄、崩、帶、瀉痢等症，但是，小便不利者忌用。

　　荷葉是蓮的葉，性味苦、澀、平，功效為清暑利濕、升發清陽及止血，適用於暑濕泄瀉、眩暈、水氣浮腫、口渴、小便短赤及各種出血症等。夏季暑天可用荷葉、冬瓜、赤小豆、扁豆等煎水飲以解暑。

　　荷梗是蓮的葉柄，性味與荷葉相同，功效為清熱解暑、通氣寬胸。適用於夏季感受暑熱、胸悶不暢、泄瀉等症。

　　荷蒂是荷葉中央近梗處剪下的葉片，性味苦、平。功能為清暑祛濕、和血安胎，適用於血痢、泄瀉、妊娠胎動不安等症。

　　藕是蓮肥大的根莖，性味甘、寒，入心、脾、胃經。生用蓮藕能清熱、涼血、散瘀，適用於熱病煩渴、吐血、衄血、熱淋等症；熟用能健脾、開胃、益血、生肌、止瀉。

　　藕節是蓮根莖的節部，性味甘、澀、平。功效為止血、散瘀，適用於咳血、吐血、衄血、尿血、便血、血痢、血崩等症。實驗證實，藕節能縮短出血時間，藕節炭對治療血小板減少性紫癜，有一定療效。

食療介紹

材料：蓮子一両（去心）、淮山五錢、
　　　芡實五錢、豬肚一個、瘦肉半斤

性平

製法：將材料洗淨切塊，加水適量，共煮湯食之

用法：溫服

功效：補腎益精、益脾健胃

主治：腎虛遺精、脾胃虛弱、食慾不振

備註：1. 大便秘結者不宜服用

　　　2. 若睡眠欠佳，可用蓮子百合煲小米粥，有清心
　　　　安神作用

「植物肉」——
花生

　　花生為豆科植物。它是在花落以後，花莖鑽入泥土中所育得的果實，故被稱為「落花生」。因為有滋養益壽作用，所以又被叫作「長壽果」。民諺有「常吃花生能養生，吃了花生不想葷」之說，足見其營養價值之高，被現代營養學家視為「植物肉」。

　　花生的營養價值比糧食高，可與雞蛋、牛奶、肉類等一些動物性食品所媲美。其他如維他命 B2、鈣、磷等含量也比奶、蛋、肉類為高。花生中還含有各種維他命（A、B、E、K）、糖、卵磷脂、蛋白氨基酸、膽鹼等。可見，花生的營養成分既豐富又全面，無論是生食、炒、炸、煮、醃、醬，營養成分基本上維持不變。

　　現代醫學和營養學研究發現，花生蛋白含有人體必須的氨基酸，富含的賴氨酸可以防止人體過早衰老和提高兒童智力；另外所含的谷氨酸和天門冬氨酸，可幫助腦細胞發育和增強記憶力。花生中的兒茶素也有抗衰老的功效。至於花生油所含的大量不飽和脂肪酸，可將人體內的膽固醇分解為膽汁酸，並促使其排泄亢進，不但可降低血膽固醇、預防動脈硬化和冠心病，還具有防止皮膚老化、使皮膚健美的功能。

　　花生也是一味良藥，既可滋補，又可治病。性味甘、

平，入脾、肺經。適用於營養不良、貧血萎黃、脾胃失調、咳嗽痰多、腸燥便秘、乳汁缺乏等症。花生不但可作乾鮮果品食用，又可榨油，而其中的衣、外殼和葉均具有藥用價值。

花生衣具有抗纖維蛋白溶解作用，能促使骨髓製造更多血小板，從而縮短出血時間，常用於血小板減少性紫癜、再生障礙性貧血的出血及血友病等。花生衣的止血作用較花生肉強約五十倍，其止血有效成分可溶解於水。以上疾病可單用花生衣二至三錢，或配紅棗煎服。

花生的果殼含有對心血管有作用的甙，對治療高血壓及高血脂症有明顯的效果。可用花生殼洗淨後以水煎代茶喝，每次三兩，有治療和輔助治療的作用。

花生葉不但能降壓，還可治高血壓引起的頭痛、頭暈和失眠，每次可用鮮葉三兩至六兩，水煎，早晚兩次分服。

因為花生是一種油脂類食物，不宜一次吃過多，若有胃腸氣脹、腸滑腹瀉者應忌食。另外要特別注意，花生容易霉變，霉變花生常含致癌物質黃麴霉素，切不可食，發現後應丟棄。

素食之選——
天貝

天貝（tempeh），又名天培、丹貝、黃豆餅，是一種印尼的傳統發酵食品，據說最早起源於爪哇島一帶，主要是將黃豆去皮煮熟後接種寡孢根黴菌（Rhizopus oligosporus）發酵而成，新鮮成品有類似菇類或堅果類的味道。

由大豆經發酵後製成的天貝，蛋白質和氨基酸含量都會增加，可作為魚、肉類的替代品，是素食者良好的蛋白質來源。由於天貝的蛋白質易於消化吸收、特別適合年老及體弱者的需求。

經過發酵的黃豆含豐富的維生素和鈣、磷、鐵、鋅等礦物質，能強壯骨骼，而維生素 B 族含量明顯增加，如 B1、B2、B6、B12、煙酸、葉酸等，其中 B12 的含量尤為增多，是素食者、貧血病者、老年人、腸道病變者的福音。

天貝含有天貝激酶（Tempeh kinase），能有效溶解血栓，清除血管壁上粥樣斑塊，明顯改善動脈硬化，還能分解血中膽固醇和甘油三脂，以及防治肥胖症、糖尿病、高血脂、高血壓和心腦血管病變的作用。

天貝的異黃酮比發酵前的大豆有更強的抗腫瘤活性，特別是對激素依賴型腫瘤，如前列腺癌、乳腺癌、子宮癌、卵巢癌等有抑制作用。異黃酮亦能強壯骨骼，預防骨質疏鬆，

幫助紓緩更年期症狀，降低心血管疾病。天貝含有的纖維素可與致癌物質結合而排出體外，有益於腸道功能，對大腸癌、直腸癌有預防作用。所含的抗氧化物質可以預防癌症、減緩老化、養顏美容。

但是，如果是尿酸過多者，則應避免多吃天貝。

自製天貝

材料：有機黃豆二百克、天貝黴菌 Tempeh Starter（發酵粉）半茶匙、米醋二湯匙、清水 400cc、細號保鮮袋一個、牙簽一支、笝箕一個、大碗一個、蒸餸架一個、廚櫃

製法：1. 將黃豆洗淨，用清水浸八至十小時後去皮

2. 將黃豆放入水及米醋內煲二十分鐘

3. 取出黃豆放到笝箕上，在室溫涼乾

4. 將黃豆放在大碗中，加入天貝黴菌 Tempeh Starter 攪拌均勻

5. 在保鮮袋底及面用牙簽以每隔一厘米刺一個孔，這個動作是讓空氣幫助天貝黴菌發酵

6. 將黃豆放入保鮮袋裏，密封後把黃豆鋪平，放在蒸餸架上面，然後一起放在清潔的廚櫃內，擺放三十六至四十八小時（冬天約四十八小時；夏天約三十六小時）後，發現保鮮袋內的黃豆表面鋪滿白色黴菌即成

7. 將天貝取出切片食用、醮鹽水煎熟吃或調味炒餸吃均可

8. 新鮮天貝可存放雪櫃，保留五至七天也可

備註：天貝黴菌 Tempeh Starter（發酵粉）在印尼商店有售。

防癌食物──
食用菌菇

食用菌菇味道鮮美，肉質細嫩、蛋白質含量高、纖維素高、低脂肪、低熱量、低糖、低鹽，具有人體必需的各種氨基酸，能增強體質、提高機體抗病和病後康復能力，而且它還含有一種抑制腫瘤生長的物質，有明顯的抗癌作用。經常食用能防治高脂血症、高血壓、冠心病和功能退化性的疾病。食用菌菇，種類多種多樣，如香菇、平菇、草菇、金針菇、蘑菇、猴頭菇、銀耳、黑木耳等多種。現介紹較常食用的四種菌菇：

冬菇

冬菇性味甘平，有補肝益氣、健脾胃作用。宜於年老體弱、氣短乏力、頭暈、食慾不振者，並可降血脂、降血壓，亦適用於動脈硬化、糖尿病、肥胖症。冬菇富含維生素 D，能促進鈣、磷的吸收，有助骨骼和牙齒的發育，同時可使用於小兒佝僂病。冬菇含有多糖物質，能提高機體對癌症的抵抗力，並能增強放、化療的效果，但痛風症患者不宜多吃。

猴頭菇

猴頭菇性味甘平，有健脾益氣、助消化作用。宜於脾胃虛弱、消化系統疾病患者。猴頭菇含有多糖類及多肽類物質，能有效抑制癌細胞生長，可防治消化道癌腫和其他惡性腫瘤，猴頭菇有利於血液循環，能夠降低膽固醇、甘油三酯

及調節血脂，並可提高人體免疫力，抗衰老及促進頭髮生長的作用，對患有氣管、食道及平滑肌組織疾患者有保健作用，可安眠平喘。

金針菇

金針菇性味甘涼，有益氣補虛作用，宜於氣血不足、體質虛弱、營養不良的老人和兒童。金針菇富含賴氨酸和鋅，有促進兒童智力發育和健腦作用。含有的樸菇素，且有顯著的抗癌功能，經常食用可抑制血脂升高、降低膽固醇，並可預防高血壓和防治心腦血管疾病。但金針菇偏涼，故脾胃虛寒、腹痛泄瀉者不宜食用。

蘑菇

蘑菇性味甘涼，有補氣益胃、理氣化痰作用，宜於脾胃虛弱、食慾不振、體倦乏力者食用。蘑菇含有豐富的蛋白質、多種氨基酸、維生素和其他營養成分，有一定的抗菌作用，並且有抗腫瘤、抗肝炎和提高人體免疫力的功效。經常食用，對高血壓、高脂血症、肝炎及糖尿病等均有良好的補助治療。蘑菇所含的大量膳食纖維，能防止便秘，促進排毒的作用。

以上菌菇類與其他食物一樣，須按個人的身體狀況而適量進食。

食療介紹

1 鮑魚冬菇薯仔瘦肉湯

性平

材料：鮑魚半斤（新鮮或急凍也可）、
冬菇一両、薯仔半斤、瘦肉半斤、生薑二片

製法：1. 鮑魚洗淨切片，冬菇去蒂洗淨浸軟，留浸冬菇水

2. 薯仔去皮洗淨切塊，瘦肉洗淨切片出水，生薑去皮洗淨切片

3. 將所有材料用清水十碗煎煮，大火煲滾後改用小火

4. 煎存五碗湯，加鹽少許調味即成

服法：溫服，飲湯食渣

功效：滋陰清熱，益精明目，防治癌症

主治：陰虛內熱之癌腫，症見勞熱骨蒸，或久病體虛，陰精虧乏，眩暈、視物不清等

2 薯仔紅蘿蔔猴頭菇響螺瘦肉湯

性平

材料：薯仔半斤、紅蘿蔔半斤、淮山一両、
　　　猴頭菇一両、西施骨一斤、蜜棗三枚、生薑三片

製法：1. 薯仔、紅蘿蔔去皮洗淨切塊

　　　2. 淮山洗淨浸軟，猴頭菇洗淨浸軟切塊出水

　　　3. 西施骨洗淨出水，生薑去皮洗淨切片，蜜棗洗淨

　　　4. 將所有材料用清水十碗煎煮，大火煲滾後改用
　　　　 小火

　　　5. 煎存四至五碗湯，加少許鹽調味即成

服法：溫服，飲湯食渣

功效：補脾益氣，防癌抗癌

主治：脾虛體弱之癌腫

3 菱角蘑菇粥

性平

材料：菱角肉一両、蘑菇一両、白米一両、
　　　紅糖一茶匙

製法：1. 菱角肉洗淨切小丁如米粒大

　　　2. 蘑菇洗淨切片，白米洗淨

　　　3. 先將蘑菇、白米加清水適量煮沸

　　　4. 待白米煮至開花時，加入菱角肉及紅糖，再熬
　　　　 至黏稠即成

用法：溫服

功效：補益腸胃，防癌抗癌

主治：脾虛泄瀉，並可防治子宮頸癌及其他腫瘤，放療
　　　化療後白血球下降

補充膠原蛋白——
豬蹄

膠原蛋白，是廣泛存在於動物細胞中的一種蛋白質，它是組成各種細胞外間質的聚合物，在細胞中扮演着黏結組織的角色，是細胞外基質及結締組織中最重要的物質，主要存在於人體皮膚、骨骼、眼睛、牙齒、肌腱、內臟等部位。

在人體中，膠原蛋白佔總蛋白質的三分之一，單是皮膚結構中已佔有四分之三。其功能是維持皮膚和組織器官的型態和結構，也是修復各損傷組織的主要原料物質。

膠原蛋白除了賦予皮膚韌性、彈性及防水功能，它更是韌帶、肌腱、關節中的重要成分，若缺乏或製造不足膠原蛋白將引發各種功能上的退化。當年紀愈大或起居飲食習慣欠佳，身體的膠原蛋白會逐漸流失，出現各種外在及內在的改變。如皮膚出現粗糙、鬆弛、皺紋等現象。

由於骨骼合成速度少於吸收速度，骨骼中的鈣就會漸漸流失，容易發生骨折現象，導致骨質疏鬆症。而膠原蛋白能使鈣質與骨細胞之間緊密結合，不易使鈣質流失。但是，當骨骼中的膠原蛋白流失後，會連帶使鈣質也降低，即使補充鈣質，也會因膠原蛋白的不足，而無法完全保住鈣質。人體的骨質密度在三十五歲時達至巔峰，往後每年會以約百分之一的速度流失。所以攝取充足的膠原蛋白，自然能夠保住鈣

質，讓婦女及年長者不再擔憂骨質疏鬆的問題。

關節與軟骨間的膠原蛋白，能夠強化關節軟骨，增加潤滑，降低關節在運動時造成的摩擦，還能促進關節表面細胞、組織的再生能力，自然能降低關節發炎的機率，也能避免關節老化的現象。

當眼睛的膠原蛋白不足時，容易引起乾眼症、視網膜神經老化、老花眼、白內障、飛蚊症，所以眼睛細胞已經老化的老年人，特別容易流淚和感到眼睛疲倦。因此，膠原蛋白是可以使身體保持年輕，防止老化，還可增強免疫力，對美容和健康都很有幫助。

維他命 C 能幫助膠原蛋白合成，因此想要擁有平滑彈性的好膚質，除了多吃含膠原蛋白豐富的食物，也要補充維他命 C、E、硒等抗氧化物質，才能有效促進身體生成膠原蛋白，並要均衡飲食、勞逸結合、作息定時、適量運動，心情開朗，做好防曬工作，這樣，才能真正達到保養的功效和減緩老化現象。

膠原蛋白的好處也不是現代人才知道，早在兩千年前，東漢名醫張仲景在《傷寒論》中已有記載，認為豬皮有「和血脈、潤肌膚，可美容」的功效。清代王士雄的《隨息居飲食譜》中更詳細記述豬蹄的功效，認為豬蹄能「填腎精而健腰腳、滋胃液以滑皮膚、長肌肉可癒潰瘍、助血脈能充乳汁，較肉尤補。」有些史料還記載武則天喜食豬皮，這就是

她常保青春的秘訣。

豬皮、豬蹄，是膠原蛋白的最好來源，能促進和改善組織細胞的貯水功能及營養狀況，增強肌膚的彈性和韌性，有效地防止皮膚鬆弛，乾縮和起皺，使肌膚顯得滋潤豐滿光澤。

豬皮和豬蹄除了有養顏作用之外，還可以修補組織損傷，使毛髮堅固、不易斷落，保持骨骼堅韌，緩解關節發炎，預防骨質疏鬆，保護並強化內臟機能，提高免疫力，防癌抗癌，促進傷口癒合，幫助止血，並有通乳作用等。

食療介紹

1 豬皮眉豆豬䐑湯

性平

材料：豬皮四両、眉豆一両半、
　　　豬䐑半斤、蜜棗二枚、生薑二錢

製法：1. 豬皮去毛洗淨，切短條，出水

　　　2. 眉豆、蜜棗用清水沖洗

　　　3. 豬䐑洗淨切片出水，生薑去皮洗淨切片

　　　4. 將所有材料用清水六碗煎煮，大火煲滾後改用小火，煎至三碗湯，加鹽少許調味即成

用法：溫服，食渣飲湯

功效：補腎健脾，潤膚減皺

主治：脾腎不足，精津虧損而出現皮膚乾燥、彈性降低、皺紋早現、枯槁不澤、黑斑

備註：腹脹及便泄者忌服

2 冬菇花生栗子甘筍無花果豬手湯

性平

材料：冬菇八隻、花生（連衣）三兩、
　　　栗子十枚、甘筍半斤、無花果四枚、
　　　豬手一隻（約一斤）、生薑二片

製法：1. 冬菇去蒂洗淨浸軟、留起浸冬菇水

　　　2. 花生連衣用清水沖洗，栗子去衣用清水沖洗

　　　3. 甘筍去皮洗淨切小塊，無花果洗淨切小粒

　　　4. 豬手去毛切塊洗淨出水，生薑去皮洗淨切片

　　　5. 將所有材料及冬菇水，用清水十碗煎煮，大火
　　　　 煲滾後改用小火，煎煮至五碗湯即成

用法：溫服、飲湯食渣

功效：補血益氣、健脾補腎、滋養生肌

主治：宜氣血虛弱、脾腎不足之患者，症見腰膝痠軟，
　　　筋骨無力、眩暈耳鳴、面色暗滯、胃口下降、皮
　　　膚乾縮。手術後傷口癒合緩慢、體重減輕。治療
　　　後白細胞、紅細胞、血小板減少，以及婦女產後
　　　貧血、乳汁缺乏等

擺脫都市病 ━━━━━━━━━━━ 140道中醫食療防治都市人常見病

211

3 冬菇豬手凍

材料：冬菇一両、黑木耳五錢、花生一両、黃豆一両、紅棗十枚、原隻豬手一隻（約二斤）、魚膠粉一湯匙、魚露六湯匙、冰糖二両、生薑三片

製法：1. 冬菇去蒂洗淨浸軟，留浸冬菇水

2. 黑木耳洗淨浸軟，花生、黃豆、紅棗洗淨

3. 原隻豬手去毛，略為切開皮肉，洗淨出水（不斬骨，以便取出骨頭）

4. 將冬菇、冬菇水、黑木耳、花生、黃豆、紅棗、豬手、生薑、魚露、冰糖用清水十碗煎煮，大火煲滾後改用小火

5. 煎至豬手夠軟，隔渣取二至三碗湯汁，撇去油

6. 將豬手移到碟上，小心取出所有骨頭，留下豬手肉及豬皮待用

7. 冬菇、黑木耳、花生、黃豆、紅棗取出棄去

8. 用二分一杯熱水將魚膠粉攪匀

9. 用大火滾豬手湯汁，加入魚膠粉水，不停攪動至完全溶化，倒湯汁至一長方形膠盒內

10. 將拆下之豬手肉及豬皮放在有湯汁的膠盒內

11. 待湯汁冷卻後，將膠盒加蓋，放入雪櫃內冷藏過夜

12. 食時用廚房紙拭去表面脂肪，拉開膠盒使其與豬手凍分離，倒扣至砧板上，切塊後即可進食

服法：適量進食

功效：潤澤肌膚、抗老防癌

主治：手術後傷口癒合緩慢、體重減輕，治療後白細胞、紅細胞、血小板減少，面色暗滯、皮膚乾瘁，婦女產後貧血、乳汁缺乏、月經不調、崩中漏下

備註：魚露六湯匙可用瑤柱四枚代替

秋冬名物——
蛇

　　所謂「秋風起，三蛇肥」，不少人喜歡在秋冬季節與親友享受一頓豐富的蛇宴。究竟蛇宴是否有益？蛇肉又是否適合所有人吃呢？

　　蛇分有毒和無毒，有毒的蛇，其毒汁在毒牙下面的毒囊，蛇肉沒有毒，切去蛇頭，有毒的蛇也可食。三蛇是指眼鏡蛇、金腳帶、過樹榕三種，但毒性較強。廣東人特別喜歡吃蛇，已有悠久歷史，對蛇的烹調方法也層出不窮，最常為人饕用的是蛇宴。

　　中醫認為蛇肉性味甘溫，有祛風濕、通經絡、舒筋骨、止麻痺的作用。現代研究認為蛇肉所含的營養成分很高，蛇肉含有人體必須的氨基酸，其中有增強腦細胞活力的谷氨酸，還有能解除疲勞的天門冬氨酸，是腦力勞動者的良好食物。蛇肉含有的鈣、鎂，是以蛋白質融合形成存在的，因而更方便為人體吸收利用，可預防心血管疾病和骨質疏鬆、炎症或結核等。蛇肉膽固醇含量偏低，對防治血管硬化有一定的作用，同時有滋養肌膚、調節新陳代謝的功能。

　　一般來说，體質虛弱，氣血不足，營養不良，容易疲倦者；風濕痺痛，四肢麻木，風濕及類風濕關節炎，脊柱炎患者；過敏性皮膚病，末梢神經麻痺者，都比較適合食用蛇

肉。

任何食物也有禁忌，蛇肉也不例外。蛇頭最好不吃；做蛇肉大餐不宜與豬肉、牛肉一起烹飪，吃的時候最好只吃蛇肉；吃蛇肉不宜同時食用薯仔、洋蔥、青蔥、橙；對於感冒發熱咳嗽、哮喘、內熱、瘡瘍，小兒、孕婦均不宜；忌吃半生不熟的蛇肉、防止野生的蛇肉有寄生蟲在裏面。

蛇肉入饌，最好的烹製方法是清燉成蛇羹或炒蛇肉絲，可淨用蛇肉切絲，加上冬菇、木耳、桂圓、大棗、蓮子等配料燉羹。市面上的蛇羹其芡汁用了大量油分製成，使蛇羹成為高熱量食品。而且在蛇宴當中，除了蛇羹外，還有各式油炸菜式，多吃容易致肥，對平常人來說偶然一次也無妨，但對高血壓、高膽固醇或患有糖尿病人士，以及消化系統失常、脘腹脹滯、內熱濕困者，應該盡量避免進食。

至於蛇膽，性味甘寒，有祛風、清熱、化痰、明目的功效，是治療風濕性疾患、眼赤目糊、咳嗽痰多等之良藥。以蛇膽汁、川貝母為原料製成的「蛇膽川貝液」，是目前使用的成方。

蛇退下的皮名蛇蛻（退），又名龍衣，味甘鹹，性平，有祛風定驚之功。在中國南方民間有用蛇血治病，印尼人認為飲蛇血有利保健，但生飲蛇血、生吞蛇膽是非常不衛生的，有一定危險性，可引起急性胃腸炎和一些寄生蟲病。

進補振陽——
人參

古今中外，大家都知道人參是「大補元氣」、「起死回生」、「延年益壽」的名貴補品，但誤服人參可能引致的問題卻必須小心。現在讓我們理解一下怎樣正確使用人參，以及濫用人參的弊處。

人參味甘、微苦、性微溫，有滋補強壯作用，能大補元氣、補肺益脾、生津安神。有興奮神經系統、興奮垂體腎上腺皮質系統、增強性機能、強心、降血糖、抗過敏、抗利尿、改善消化吸收和代謝功能。

臨牀主要用於治療急性脫症和慢性虛弱病症，例如：氣虛欲脫、肢冷、脈微細等症，脾胃虛弱而致倦怠乏力、食慾不振、胸腹脹滿、以及久瀉脫肛等症，肺腎不足的虛喘、消渴病熱引致的津液耗傷等症，神志不安、心悸怔忡、失眠等神經衰弱病症，以及性機能衰弱等。

不同種類的人參適合不同體質的人服食。吉林參藥性較高麗參緩和，高麗參振陽之力較猛，用於氣脫亡陽而急須進補者。邊條參、石柱參、紅參屬吉林參一類，性能效力亦相同，可治病後體弱津虧。參尾、參鬚補氣功效不及人參，但性緩而價廉，可依病情選擇使用，若非危重病證及久虛不復者，一般都可以用黨參代替。至於另一種產於北美洲的西洋參，味苦、甘、性微涼，適用於溫熱病後、體弱津虧、氣陰

不足者。

服食人參進補，一般可選擇燉服、嚼服、磨為細末吞服、泡茶服或浸酒服。使用人參時應注意以下情況：

1. 陰虛火旺所致的心悸、頭暈、失眠、煩躁等，不宜服食人參，服後會加重症狀。

2. 濕熱壅滯所致的浮腫，服人參可使浮腫更甚。腎功能不全且尿少者亦應慎用。

3. 肝腸上亢的高血壓患者，服人參後往往會使血壓升高，如果濫用，能引致腦充血，甚至發生腦血管意外。

4. 感冒發熱、咳嗽、濕阻胸悶、食滯、急性腹瀉等，一般不宜服人參，以免使病情加重。

5. 有些患者長期服人參會產生頭痛、失眠、心悸、血壓升高、易於激動等症狀，但停藥後症狀可逐漸消失。

6. 凡屬氣盛、身熱、大小便不利或燥熱引起咽乾口乾、鼻衄等實熱證，均禁用人參。

7. 至於嚴重體弱，需要人參調補者，可五至七天燉服一次，在秋冬季服用較好，夏日炎熱，服後易助火，最好不要服用，在衰弱情況改善後亦應停用。

8. 服人參期間，不宜同時吃蘿蔔、濃茶、螃蟹、綠豆等物，但服後兩三天，便不必忌口。

9. 人參忌鐵器，不可用鐵鍋、鋁鍋煎煮。

其實，服食人參，亦需要辨證論治，使用前最好先請教中醫師，以策安全。

天然的營養補品——
蜂蜜

蜂蜜是一種天然的高級營養補品，對老年人特別具有良好的保健作用，故被稱為「老人的牛奶」，古希臘人視之為「天賜的禮物」，《神農本草經》亦把蜂蜜列為食物中的上品。

蜂蜜俗稱蜜糖，是稠厚的液體。根據採蜜季節的不同，分為春蜜、夏蜜、冬蜜，當中以冬蜜的質量最好。冬蜜色淡黃、濃稠、起珠粒狀；春蜜色黃、稍稀、不起珠粒狀，蜂蜜均以純淨無雜質為好。蜜糖的成分因蜂種、蜜源及環境不同，其化學組成差異甚大。蜂蜜最主要成分是果糖和葡萄糖，容易被人體迅速消化吸收。蜂蜜亦含有澱粉酶、脂肪酶、轉化酶等，是含酶最多的一種食物，並含少量的蛋白質，多種維生素（B1、B2、C、K、E等）和多種礦物質（鐵、磷、鈣、鎂、鉀、錳等）的營養成分，因此具有許多功效。不同蜂蜜的抗氧化劑含量不同，顏色愈深的蜂蜜其抗氧化劑含量愈高。

蜂蜜味甘性平，入肺、脾、心、胃、大腸經。中醫應用蜂蜜治病，記載最早的是《神農本草經》，而明代李時珍的《本草綱目》更有詳述：「蜂蜜，其入藥之功有五：清熱也、補中也、解毒也、潤燥也、止痛也。生則性涼，故能清熱；熟則性溫，故能補中；甘而和平，故能解毒；柔而濡澤，故能潤燥；緩可去急，故能止心腹肌肉瘡瘍之痛；和可致中，

故能調和百藥而與甘草同功。」

　　蜜糖作為藥用，有生、熟之分，生蜜擅於清熱解毒，熟蜜擅於補中益氣。生蜜，就是蜂房採出的蜜糖，市面出售的多是生蜜；熟蜜，是將生蜜加工煉製，又名煉蜜，多作藥用，中藥的丸散，多用煉蜜配製而成，取其黏稠性、能矯味、防腐，緩和藥性和補養的作用。

　　蜂蜜適用於肺燥咳嗽，乾咳無痰者；腸燥便秘，尤其是老年、產後、病後、體虛便秘者；以及神經衰弱、失眠患者。

　　蜂蜜還可防止腎、膽結石的形成；殺菌抑菌；抑制胃酸分泌，保護潰瘍面，故可緩解胃和十二指腸的疼痛；保護肝臟，預防脂肪肝；滋潤皮膚，抗衰老；補充體力，解除疲勞；增強人體抵抗力；並有增強心肌，促進心臟功能的作用。但由於蜂蜜中糖分含量較高，熱能也高，故糖尿病、肥胖及高血脂患者忌食，或濕熱內蘊、腸胃脹滯、平素大便稀薄及濕熱腳氣等均不宜。

　　蜂蜜應以溫開水沖飲，不宜用沸水調服，因高溫會破壞蜂蜜所含的氨基酸、維生素，並影縮它原有的色香味。嬰兒腸胃稚嫩，不宜食用蜂蜜，以免導致蜂蜜中毒。

廣東特色飲料——
涼茶

涼茶是嶺南地區獨具一格的清涼飲料，廣東地處中國南方沿海，氣候地理環境特別，春夏多雨，夏季暑濕相挾，容易受濕邪感染。勞苦大眾，每當出現頭痛身熱，咽乾口苦，燥熱便秘，尿少而黃等症狀，都會到涼茶舖飲涼茶，或到中藥店購買涼茶回家煎飲，往往能起到防治疾病的作用。

廣東涼茶品種繁多，各鄉各縣不同，諸如甘和茶、王老吉、五花茶、七星茶、神曲茶、盒仔茶、廿四味等，大多具有清熱解毒、祛濕利尿等作用。

時至今日的香港，涼茶舖仍是愈開愈多，售賣品種具多元化，均以清熱解毒、祛濕利尿、生津消滯、解表消暑等為主效，而家傳戶曉，廣為人知的廿四味涼茶更是必備的。根據調查所得，香港的廿四味涼茶，有用到廿八味或三十味藥物不等，但也會統稱為廿四味涼茶。

市面上廿四味涼茶的配方，不盡相同，但大致相差不遠，較通行選用的藥材及主要功效如下：苦瓜乾（清暑解毒）、榕樹鬚（清熱利尿、消炎解毒）、鬼羽箭（清熱涼血解毒）、鴨腳皮（涼血解毒）、水翁花（清熱解毒）、崗梅根（生津止渴）、露兜簕（發汗解熱、利水化濕）、木患根（清熱解表）、土地骨（涼血除蒸、清肺降火）、白茶餅（清熱

降火）、尖檳榔（消積殺蟲、行水）、六神麴（消積導滯）、青蒿梗（清熱截瘧）、老桑枝（祛風通絡、去骨火）、白茅根（清熱利尿、涼血止血）、布楂葉（除滯消積）、蔓京子（散風熱、清頭目）、千層紙（潤肺止咳）、蒲公英（清熱解毒）、芒果核（健胃消食、行氣化痰）、土銀花（清熱解毒）、淡竹葉（清熱利尿）、乾蘆根（清熱生津）、粉葛根（清熱解肌）。

廿四味主要功效為清熱利尿、去濕解暑、消滯解毒、生津止渴，適用於體質壯實者，可應用於多方面：如感冒發熱惡寒、咽喉炎、燥熱流鼻血、胃熱口糜、腸胃積滯、大便秘結、尿道炎、瘡癤等，在疾病初期往往能起到較佳的治療作用。

但由於廿四味的主要藥材都偏寒涼，所以體質虛弱、脾胃虛寒、月事期間及孕婦都不宜飲用，平素容易腹瀉、胃部不適、小便頻密、頭暈、血壓偏低、面色蒼白等均不宜應用。

現代人飲食起居失調，經常進食高脂肪和燥熱食物、熬夜、煙酒過度、休息不足、運動缺乏，以致毒素積聚體內，氣血陰陽失調，體質虛實挾雜，如果錯誤選擇涼茶，不但未能改善疾病，反而更會傷害體質。故建議切勿太倚賴飲涼茶，無論調理或治療，最好先請教中醫師。

飲下肚的歷史文化——
茶

喝茶文化歷史悠久，早已成為中國人生活的一部分。相傳神農嘗百草，一日而遇七十毒，得茶而解之。可知茶的功用早有記載，以現代醫學分析，茶不單有解渴作用，更具有醫療價值。

茶葉裏含有咖啡因、兒茶素、茶多酚、單寧酸、維生素、礦物質及芳香物質等。其中的咖啡因有興奮中樞神經和強心利尿的作用；茶多酚具有抗氧化的作用，能抑制癌細胞的生長和擴散，可保護細胞突變，達到防癌的功效；礦物質中的碘和氟，是防治甲狀腺疾病和促進人體骨骼、牙齒、毛髮、指甲等健康發育的重要物質；芳香物質能溶解脂肪，去膩消食，清除口臭。

總結歷代醫家的經驗，茶有振奮精神、增強思維、消除疲勞、生津止渴、解暑利尿、明目降火、幫助消化、增進食慾、除煩袪膩、消脂減肥、消炎解毒、整腸治痢、袪痰除熱、解煙酒毒、袪除口臭、預防齲齒等功用。

茶葉一般分為三大類：不發酵的綠茶、全發酵的紅茶及半發酵的烏龍茶。**綠茶**消暑解毒防癌的功用較好；**紅茶**經過發酵，有健胃助消化的效果；**烏龍茶**功效介乎綠茶與紅茶之間。茶葉性味苦、甘、涼，經發酵的紅茶只減低其涼性而

已。

不論紅茶或綠茶，益處也相當多，每日飲用溫熱淡茶一至二杯是有益的。一般來說，體質壯實、形體肥胖者，宜喝綠茶，且以濃茶為佳；而體質瘦弱、脾胃虛弱、或虛寒體質者，不宜喝過寒的飲料，甚者紅茶也不宜多飲。

喝茶最好不要過量過濃，還應注意不要喝冷茶，喝冷茶不僅起不到清熱、化痰的作用，反而有滯寒、聚痰之弊，故以喝溫茶或熱茶為佳。茶宜泡，不宜煮，以免破壞茶中的維他命及使其香氣揮發，從而變得苦澀難喝。泡過的茶若放置過久，容易被污染，使茶中的成分變質，對人體有害。另外，不要空腹喝茶，因茶屬涼性，如果空腹喝茶，會直接損傷脾胃，容易致病。亦不要用茶水服藥，以免影響藥效，因為茶葉裏含有鞣酸，鞣酸會和藥物中的蛋白質、生物鹼或者金屬鹽等起化學作用，產生沉澱物，影響藥物療效，甚至使其失效。至於容易失眠的人士，應忌睡前喝茶，以免症狀加劇。患有活動性消化道潰瘍者，不宜多喝茶，以免潰瘍面難於癒合。哺乳婦人不宜喝濃茶，因濃茶可減少乳汁分泌。平素腎虛小便過多者，也不宜喝過量的茶。

只要適當飲用，茶葉對身體可謂用途廣泛，現舉例如下：

1. 除口臭

茶葉能發出芳香氣味，可消除口臭、蔥、蒜味，

用濃茶含漱，或把一些茶葉放在口內嘴嚼一會，即可消除。

2. 治口瘡

用濃茶含漱，每日十餘次，可治口腔炎、爛嘴、爛牙齦等，有清潔口腔、消炎、殺菌、防腐等作用。

3. 治香港腳、除鞋臭

用濃茶洗腳，有殺滅香港腳絲狀菌的作用。用紙巾將茶葉包上薄薄的一層作鞋墊，鋪在鞋裏，可除鞋臭，並預防香港腳。

4. 清除體臭

用茶水洗澡，可消除體臭，除去污垢，有保養皮膚作用，使皮膚光滑，且不會帶來任何刺激。

5. 保持體重

肥胖者多由於脂肪積聚而令體重增加，喝茶有助脂肪分解。除了注意飲食均衡及做適當運動外，在飯後喝一至二杯茶，最好為烏龍茶，亦可解除肥胖症，保持美好的身材。

6. 茶枕頭能吸汗醒腦

把泡過的茶葉曬乾，包作枕頭，可提神醒腦，增進思考力，還能吸收汗液，對頭部易汗之小孩尤其適合。

7. 可祛除腥味

若手因黏附肉類或魚類而帶有油腥味，可用茶洗手，將腥味及油膩消除。

適宜小酌一杯——酒

　　酒，在醫學上一向被認為是既有益又有害的東西，中國在很早以前便對酒的利弊做過詳細論述。《本草備要》中說酒「辛者能散，苦者能降，甘者居中而緩，厚者熱而毒，淡者利小便，用為嚮導，可以通行一身之表……熱飲傷肺，溫飲和中，少飲則和血行氣，壯神禦寒，遣興消愁，辟邪逐穢……過飲則傷神耗血，損胃爍精，動火生痰，發怒助欲，致生濕熱諸病」。關於酒的記載非常全面，亦合乎科學道理。

　　中醫學認為，酒為水穀之氣，味甘、苦、辛，性溫，有毒，入心、肝、肺、胃經。有暢通血脈、活血散瘀、祛風散寒、溫中暖胃以及宣行藥勢的功效。應用得當有助氣健胃、舒筋活絡、消除疲勞、安定神志等作用。

　　但酒亦會傷肝，因進入體內的酒精除了其中的百分之十會經由尿、汗、唾液和呼吸排出外，其餘的百分之九十會由肝臟解毒。長期大量喝酒，會讓肝臟逐漸喪失解毒能力，形成肝病，因此肝病患者不宜喝酒，否則容易發展成肝硬化。患有心血管病、胃病、肝病、腎病、精神病和皮膚病者，都應禁酒。此外，肥胖者、年老體弱者、孕婦和兒童也應禁酒。陰虛、失血及濕熱甚者也忌喝酒。

　　對健康的人來說，喝酒亦應節制，以適量地飲用低濃度

的葡萄酒、啤酒等為佳。喝酒前還要吃些食物，喝時不要急速，這樣可延緩酒精的吸收，以免醉酒。身體虛弱者，也可適量地飲用合乎體質的補酒。

酒除了可作為藥用治療疾病，亦可用來炮製中藥，既增強藥效，也能作為藥引應用。將中藥放入酒中浸製，是中國獨有的製法，有外用（如跌打酒）和內服（如人參酒）兩種，其目的是想借酒的辛溫行散之性來治病。

補益藥酒，是用白酒、黃酒、米酒浸泡或煎煮具有補益性質的藥物，去掉藥渣而成的口服酒劑；或者用具有補益性質的穀物如秫米、糯米、粳米等釀製，然後壓去糟渣而成的低度口服酒劑。

藥酒應用範圍廣泛，既可治病，又可防病，還可抗衰老，延年益壽。

食療介紹

1 枸杞酒

性溫

材料：枸杞子九十克、白酒五百克

製法：1. 將枸杞子洗淨拍破，置入淨瓶中，

　　　2. 倒入白酒，加蓋密封，放置於陰涼乾燥處

　　　3. 每天搖盪一次，二十天後，過濾澄清，即可飲用

用法：每晚睡前喝十至十五毫升

功效：滋腎養肝、補精壯陽，是古人常用的延年益壽補酒

主治：腰膝痠軟、陽痿滑泄、頭目眩暈、視物模糊及未老先衰等症

備註：脾胃虛弱、陽盛發熱及性功能亢進者勿服

2 首烏酒

性溫

材料：何首烏九十克、白酒五百克

製法：1. 將何首烏破碎成粗末，盛入淨瓶中

　　　2. 將白酒倒入瓶中，加蓋密封，置陰涼乾燥處

　　　3. 每天搖盪數下，經二十天左右，靜置過濾，即可飲用

用法：每晚睡前飲十五至二十毫升

功效：補肝、益腎、養血、延年益壽

主治：適用於肝腎陰虧、鬚髮早白、血虛頭暈、腰膝軟弱、筋骨痠痛、婦女帶下等症

備註：本酒可作為病後體虛的輔助治療，如用於延年益壽，長期服用，可選用此方

祛脂清瘀妙品——
山楂

　　山楂，又名山裏紅、紅果。為薔薇科植物山楂的果實，主產於中國北方，它不僅是人們喜愛的水果，也是常用的中藥，其果實、根、莖、葉、核均可入藥。

　　山楂性味酸、甘、微溫，有開胃消食、化滯消積、活血化瘀、收斂止痢的功效。它含有多種維他命，尤以維他命 C 含量最豐富，每百克有多達 80 多毫克，亦含胡蘿蔔素 0.82 毫克，果酸含量也極豐富，主要有酒石酸、檸檬酸、山楂酸。此外，尚含醣類、內脂、甙類、蛋白質、黃酮類和鈣、鐵等礦物質。

　　山楂在臨牀上有以下數種應用：

1. **消肉積**

   山楂是重要的消導藥，對消除油膩、化解肉積有獨特的療效，能緩解因進食過多油脂而引起的消化不良、胸腹脹滿等症狀。故此，山楂是喜愛肉食者的「救星」。山楂也可用於胃酸缺乏症，對治療小兒消化不良、食慾缺乏效果也好。

2. **治腹瀉**

   焦山楂及生山楂，均能抑制痢疾桿菌和大腸桿菌的生長。對於治療急性腸炎、急性菌痢及小兒腹瀉均有一定效果。

3. **治瘀痛**

   山楂是一種很好的活血化瘀藥，能夠擴張血管以解除鬱血狀態。較常用於因瘀血鬱滯而引起之經痛及產後下腹疼痛，有止痛作用。

4. **治血壓高，降膽固醇**

   山楂含有的三萜類和黃酮類等成分，可加強和調節心肌，增大心室心房運動振幅及冠脈血流量，還能降低血清膽固醇，促進脂肪類食品的消化，降低血壓。山楂對於心臟活動功能障礙、血管性神經官能症、顫動性心律失常等症，也有輔助治療作用。所以，山楂有心血管病良藥之稱。

5. **治疝氣痛**

   山楂核用於疝氣（即小腸氣）偏墜脹痛，能消脹而散結。

山楂雖然功效多，但亦有使用禁忌，凡脾胃虛弱、無積滯、氣虛便溏、胃酸過多、胃炎、胃潰瘍、食管炎、血脂過低、孕婦及血壓低者均應慎用，所以飲用前請教中醫師最為妥善。

食療介紹

1 山楂炒麥芽水

性微溫

材料：山楂三錢、炒麥芽三錢

製法：水煎服

用法：溫服

主治：消化不良

2 山楂紅糖水

性微溫

材料：山楂五錢、紅糖適量

製法：水煎服

用法：溫服

主治：產後腹痛、血瘀經閉

3 山楂水

性微溫

材料：山楂五錢

製法：水煎服

用法：溫服

主治：高血壓

4 山楂杭菊決明子茶

性平

材料：山楂三錢、杭菊花三錢、決明子四錢

製法：水煎服

用法：溫服，每日一劑

主治：高血脂症

從外到內都是寶——
龍眼

「圓如驪珠，赤若金丸，肉似玻璃，核如黑漆。」這首古詩把龍眼形容得維妙維肖，於其形似龍之目，故稱龍眼。又因龍眼能益智，令人聰明，也叫「益智」。龍眼生產於廣東、福建廣西、四川、台灣等地，為無患子科植物，形狀渾圓，以果肉鮮嫩，色澤晶瑩，汁液甜美而聞名於世。

龍眼樹的壽命一般約八十至一百年。晉江縣磁灶鄉有四株明代萬曆年間種植的龍眼樹，至今已是四百多年的「老壽星」，目前仍然枝葉繁茂，子孫滿堂，每年結果達一千多公斤，堪稱中國已發現的最古老龍眼樹。

龍眼除了鮮食之外，加工後的龍眼肉又稱桂圓。加工方法有生曬和熟曬兩種。生曬的龍眼肉為琥珀色，明淨油亮，味道也好；熟曬的顏色發黑，質地不及生曬者佳。龍眼肉（桂圓）可用於泡茶、作甜食、浸酒等，還可製成龍眼膏、罐頭糖水、冷凍龍眼等。

龍眼營養豐富，內含糖類、蛋白質、膳食纖維、維他命A、B、C、磷、鉀、菸鹼酸等，龍眼肉性味甘、溫，無毒，能入心、脾經。許多古典醫籍都有記述它的作用。《本經》認為龍眼「主五臟邪氣，安志、厭食、久服強魂魄、聰明。」《本草綱目》中說：「食品以荔枝為貴，而滋益則龍眼

為良。」中醫認為，龍眼肉有滋補強壯、補養心脾、補血安神、健腦益智之功效。凡因思慮過度引起失眠、驚悸，或神經衰弱、健忘、記憶力減退、貧血、年老氣血不足、病後或產後身體虛弱等症，服之有較好的療效。

龍眼美味甜膩，一般用量為一至三錢，不能多食，多食會引起胃滯、消化不良，故凡舌苔厚膩、內有痰火或陰虛火旺、濕滯、腸滑泄瀉、感冒或肺受風熱、痰中帶血者，均不宜應用。

認識龍眼結構

龍眼殼

為龍眼的果皮，性溫、味甘，無毒，入肺經。煎服治心虛頭暈，研末敷燙火傷。

龍眼核

為龍眼的種子。味澀，能止血、定痛、理氣、化濕。主治一切疥癬瘡毒、創傷出血、濕瘡、疝氣。

龍眼根

性味苦、澀，用治白帶，近來試治絲蟲病，有其療效。

食療介紹

1 治血虛失眠

龍眼肉三錢、蓮子肉三錢、雞蛋一隻，煎水飲用。

性溫

2 治貧血、血小板減少

龍眼肉三錢、紅棗三錢、花生連衣五錢，水煎服。

性溫

3 治神經衰弱屬於血虛心悸者

龍眼肉、松子、白米各適量，煮粥食。

性溫

4 頭髮早白、貧血萎黃

龍眼肉三錢、何首烏三錢，水煎服。

性溫

吉祥補品——
柑桔

柑桔果色艷麗，芳香怡人，古往今來一直贏得人們喜愛，每年歲晚前後，人人都喜歡説吉祥話，放置吉祥的東西。粵語「桔」、「吉」同音，而桔的結果期正值新年前後，所以被譽為喜慶吉祥的象徵。

在本港出售的桔，常見的有比柑略小而皮色金黃的大桔，皮色朱紅的朱砂桔，個子小、但味很甜的所謂「皇帝桔」等。桔屬芸香科植物，含有多種營養素，桔味甘、酸而性涼，有開胃理氣、止渴潤肺及除煩醒酒之功。民間有用鹽醃製桔子而成的鹹柑桔，每逢熱氣引致喉嚨痛則取一至二枚沖水飲，頗有功效。

桔子全身都是寶，它的皮、核、絡、葉等都是中藥，桔加工製成的桔餅，也具藥用價值。

桔皮是陳皮的一種，陳皮因其入藥以陳久的為好，所以得此名，當中以廣東省的新會柑為最好，所以又叫「廣陳皮」或「新會皮」。

桔皮的外層紅色薄皮叫「桔紅」，內層的白皮叫「桔白」。桔皮內層的白色網狀筋絡，叫「桔絡」。果核叫「桔核」。未成熟的果皮，因顏色發青而叫「青皮」。以下是

桔不同部位的性味與藥用功效。

桔皮性溫、味苦、辛，無毒，入肺、脾二經，功能為健胃祛痰、鎮吐止嘔逆、祛風。適用於脾胃氣滯、脘腹脹滿、消化不良、食慾不振、嘔吐噁心、咳嗽痰多、胸膈悶滿等症。若因胃風嘔逆，則可用陳皮煲粥服食，有健胃祛風止嘔之功。

據現代醫學研究，桔皮含有揮發性芳香油對消化道有刺激作用，可增加胃液分泌，促進胃腸蠕動，有健胃祛風之效，還可使呼吸道黏膜的分泌增加，有利痰液排出。

桔紅性味近似一般桔皮，但較桔皮香燥。臨牀常用於咳嗽痰多、胸悶腹脹的痰濕症，或外感風寒、咳嗽有痰者。

桔白性味功效與一般桔皮略同，但燥性弱，有和胃氣、化濕濁之功，故常用於補脾胃方中。

青皮又名小青皮，性味苦、辛、溫，入肝、膽二經。功能為疏肝破氣、散積化滯、止痛。適用於肝氣鬱滯、脅肋脹痛、乳房脹痛以及小腸疝氣、食積腹脹等症。

桔核性溫，味苦、辛，入肝、腎二經。能理氣、散結、止痛。適用於小腸疝氣、睪丸腫痛、乳腺發炎等。

桔絡性平，味苦、甘，入肺經。能化痰通絡、理氣消滯。適用於痰滯經絡的咳嗽、胸脇悶痛等症。

桔葉性平，味苦、辛，入肝經。能疏肝行氣，消腫散結。適用於脇肋脹痛、乳房腫痛或乳房結塊等症。可用桔葉一錢沸水焗飲。

桔餅是用新鮮的桔以蜜糖漬製而成，性味甘、溫。功能寬中下氣、化痰止咳。治食滯、氣嗝、咳嗽、瀉痢。

秋冬果品——柚子、梨、柿子、楊桃、菱角

秋冬季有很多美味的果品，屈指一數，就有香氣撩人的柚子、清甜爽口的雪梨、色紅似火的柿子、形狀奇特的楊桃、外貌如八字鬍的菱角等。這些鮮果除了好吃，其實也各具獨特的藥用價值，且來介紹一下。

柚子渾身是寶，每一個部分都具有藥用價值。其果肉味甘、酸、性寒，能健脾、止咳、解酒。柚皮味辛、苦、甘、性溫，能化痰、止咳、理氣、止痛。其核味苦、性溫，能治疝痛。如果因吃得過飽而消化不良，可每天三次，每次吃柚肉二両。若喝酒過多或酒後口臭，亦可慢慢嚼食柚肉，有解酒作用。至於柚葉，被認為有辟邪解穢的作用，這可能與其含有揮發油有關。吃柚子果肉時需注意體質，若脾胃虛寒、泄瀉者忌服。

梨稱為「百果之宗」，味甘甜，性微寒，具有生津潤肺、清熱化痰的作用。《本草通玄》記載：「生者清六腑之熱、熟者滋五臟之陰。」，還有解瘡毒和酒毒的作用。失音者，洗淨二個雪梨絞成汁含嚥即可。肺熱咳嗽、身熱煩渴，早晚各服一杯梨汁。小便不暢、澀痛者，可把二両乾梨皮以水煎飲，每天飲服三次。因梨性寒，患有胃寒、腹瀉的人不宜食用。

柿子色澤鮮艷、果味清甜。據《本草綱目》記載，柿子味甘、性寒，有清熱除煩、生津止渴、潤肺化痰、澀腸治痢、健脾、止血，以及治療因肺熱而引起的咳嗽等功用。

柿餅性味甘、平，能和胃腸、止痔血，飯後吃一個蒸熟的柿餅，有止痔血作用。柿子加工成柿餅後，外面會附有一層特別的白色粉末結晶，叫柿霜。柿霜性味甘、涼，能清熱潤燥，治咳嗽、喉嚨痛、口瘡、口角炎等。可用柿霜一錢以溫開水化服，一日三次。柿蒂的藥用價值也不少。如要治呃逆，可用柿蒂三錢，水煎服。柿子和螃蟹同屬寒性食物，不宜同吃，因吃後易引起腹瀉。至於中氣虛寒、外感風寒的人，最好不要吃柿子。

楊桃的形狀在果品中獨具一格。楊桃性味甘、酸、平。有清熱生津、利尿解毒之功。患有風熱咳嗽、牙痛、口瘡時，吃上幾片楊桃可收到良好的療效。《嶺南雜記》中說，楊桃還能解肉食之毒，又能解嵐瘴。生癤長瘡時，採幾片楊桃葉搗爛敷在患處上，有止痛、拔膿、生肌功效。由於楊桃性寒，脾胃虛寒或腎虛者宜少吃，若多吃的話則容易泄瀉傷腎。

菱角的果實可生食或煮熟食，其嫩莖還可作蔬菜炒食，以菱角加工成的菱粉亦可作食品輔料，營養豐富。中醫認為菱角性味甘、涼，生食可清暑解熱、除煩止渴，熟食可益氣健脾。據現代研究，菱角果肉還有抗癌的作用。

擺脫都市病
140 道中醫食療防治都市人常見病

作者	陳慧琼註冊中醫師
責任編輯	陳珈悠
美術設計	簡雋盈
出版	明窗出版社
發行	明報出版社有限公司
	香港柴灣嘉業街 18 號
	明報工業中心 A 座 15 樓
電話	2595 3215
傳真	2898 2646
網址	http://books.mingpao.com/
電子郵箱	mpp@mingpao.com
版次	二〇二一年五月初版
ISBN	978-988-8687-64-0
承印	美雅印刷製本有限公司

蒙香港醫院院牧事工聯會允准轉載，全書文章出自《關心》之專欄「關心健康」由 2008 年第 06 期至 2021 年第 84 期。版權所有，請勿翻印。特此知照及鳴謝。